最新海水养殖技术丛书

海参、海胆增养殖技术

HAI SHEN HAI DAN ZENG YANG ZHI JI SHU

张群乐　刘永宏　编著

丛书主　编　张群乐
　副主编　关庆利

中国海洋大学出版社
·青岛·

最新海水养殖技术丛书

主　编　张群乐
副主编　关庆利
编　者　(按姓氏笔画为序)
　　　　于瑞海　马　甡　王昭萍　田传远
　　　　丛娇日　刘永宏　孙世春　杜守恩
　　　　张群乐　张道波　陈四清　周　丽
　　　　郑小东　赵芬芳　宫庆礼　姚善成
　　　　唐行力　常　青　梁　英　魏建功

图书在版编目(CIP)数据

海参、海胆增养殖技术/张群乐,刘永宏编著. －青岛:中国海洋大学出版社,1998.10 (2012.2重印)
(最新海水养殖技术丛书/张群乐主编)
ISBN 978-7-81026-945-2

Ⅰ.海… Ⅱ.①张… ②刘… Ⅲ.①海参纲－海水养殖②海胆纲－海水养殖　Ⅳ.S968.9

中国版本图书馆CIP数据核字(98)第30904号

中国海洋大学出版社出版发行
(青岛市香港东路23号　　邮政编码:266071)
出版人:杨立敏
淄博恒业印务有限公司印刷
新华书店经销
开本:787 mm×1092 mm　1/32　印张:5.25　字数:111千字
1998年10月第1版　2012年2月第11次印刷
印数:11 201～12 000　总定价:80.00元

序

21世纪将是海洋开发的世纪。

当今世界正面临人口膨胀、陆地资源减少、环境恶化三大全球性问题。单一的陆地经济,已经不能适应总体经济发展的需要,占地球表面积71%、资源极为丰富、开发利用前景十分广阔的海洋,已经成为解决这一问题的重要出路之一。海洋科学是当前最重要科学研究的一部分,海洋技术与原子能技术、航天技术一样,被人们公认为当代三大尖端技术。对海洋的研究、开发、利用,已经成为新技术革命的重要支柱。

近十年来,我国海洋研究与开发发展迅速,沿海许多省份,已经提出"科技兴海"的战略措施,并制定出开发利用海洋的宏伟蓝图。一个向海洋要财富,变海洋优势为经济发展优势的时代特点,已经在我国显现出来,这必将影响和推动我国海洋水产事业更加迅速地发展。

随着近年来海水养殖新兴技术的广泛应用,与过度海洋水产资源捕捞相反的海水养殖业已经逐渐振兴和迅速发展。海水养殖业逐渐向"海洋渔牧化"发展,一个以增养殖为主体的新兴海水养殖产业结构已经形成;海水养殖品种,也已打破原有的格局,逐渐趋向多元化;一些名特优的珍贵品种也形成了一定养殖规模。

海水养殖是人类利用海水资源发展经济、改善生活的重要途径,而推广和利用最新海水养殖技术,则是海洋科技工作者服务于社会、造福于人类的职责和义务。青岛海洋大学海水养殖专家和学者们,站在国内外水产养殖科学技术的前沿,根据我国日益繁荣的海水养殖业发展的需要,集最新海水增养殖技术和实践于一体,发挥学科的综合优势,联合编著完成了《最新海水养殖技术丛书》。本套丛书,集中介绍了国内外海水养殖新技术、新经验、新成果,特别适用于海水养殖一线的基层管理干部,中、低层专业技术人员和现场养殖操作人员参考。它的出版发行,必将对我国海水养殖业的全面发展做出新贡献,也是对"98'国际海洋年"献上的一份厚礼。

中国工程院院士 管华诗

1998年1月8日

前　言

本世纪 80 年代以后,我国海洋水产事业迎来了一个崭新的发展时期。海水增养殖业逐渐振兴和发展迅速,逐渐向"海洋渔牧化"格局进展,形成了增养殖面积增大,养殖品种多元化的新特点。在巩固发展原有增养殖品种的基础上,一些名特优新品种也齐头并进,特别是近年来,鱼类、海珍品类的增养殖进入快速发展时期。刺参人工育苗,年产量猛增数千万头,刺参增养殖在山东、辽宁等地初具规模。海胆做为新的增养殖品种,已受到生产经营者的广泛重视,发展潜力很大。

为了适应我国海水增养殖新发展时期的需要,为了对我国海参、海胆的增养殖发展起到抛砖引玉的作用,本书编著者力图总结国内已形成的行之有效的技术,其中相当部分是编著者多年的研究成果和生产实践经验,同时努力吸收国外有关新技术、新经验、新成果加以充实,力求能将国内外海参、海胆增养殖的最新技术全貌献给读者。希望能对生产、科研、教学予以启迪,能在生产中收到实效。

本书中引用文献资料较多,因受篇幅所限,恕不能一一列出,特在此致歉,同时向所有文献作者致以衷心的谢意。

本书在编著过程中,由于时间仓促,错编之处在所难免,诚恳希望读者予以批评指正。

编著者

目　　录

第一章　海参增养殖技术 …………………………… (1)
　第一节　刺参的生物学 ………………………………… (3)
　　一、形态与构造 ………………………………………… (3)
　　二、地理分布与生态习性 ……………………………… (6)
　第二节　刺参人工育苗技术 …………………………… (8)
　　一、国内外刺参人工育苗发展概况 …………………… (8)
　　二、繁殖生物学 ………………………………………… (11)
　　三、育苗工艺 …………………………………………… (22)
　第三节　刺参增养殖技术 ……………………………… (73)
　　一、刺参增殖技术 ……………………………………… (73)
　　二、刺参养殖技术 ……………………………………… (106)
　第四节　刺参的加工利用 ……………………………… (114)
　　一、刺参干品与加工技术 ……………………………… (114)
　　二、刺参肠与性腺加工技术 …………………………… (115)
　第五节　我国几种主要经济海参品种 ………………… (116)
　　一、海参科 ……………………………………………… (116)
　　二、刺参科 ……………………………………………… (118)

第二章　海胆增养殖技术 …………………………… (120)
　第一节　海胆生物学 …………………………………… (121)
　　一、分类及分布 ………………………………………… (121)
　　二、形态 ………………………………………………… (121)
　　三、生态习性 …………………………………………… (123)

第二节 主要经济品种的形态及生态习性…………(123)
  一、马粪海胆 ………………………………………(123)
  二、光棘球海胆 ……………………………………(126)
  三、紫海胆 …………………………………………(128)
第三节 人工育苗技术…………………………………(129)
  一、国内外人工育苗发展概况 ……………………(129)
  二、繁殖生物学 ……………………………………(131)
  三、海胆人工育苗 …………………………………(137)
第四节 海胆增养殖技术………………………………(153)
  一、养殖技术 ………………………………………(153)
  二、增殖技术 ………………………………………(154)

第一章 海参增养殖技术

海参在分类上,属于棘皮动物门(Echinodermata),海参纲(Holothurioidea)。海参纲是棘皮动物门中最有经济价值的一个纲,种类很多,全球有1100余种,全部系海产。我国海域有100多种,其中西沙群岛有40余种,可食用的有20余种。我国经济价值较高的海参,都属于楯手目(Aspidochirota)的海参科(Holothuriidae)和刺参科(Stichopodidae)。

海参科主要的经济种类有白乳参、白底靴参、石参、乌圆参、明玉参等,这些品种都产在我国西沙群岛、海南岛等南海海域。

海参为海味珍品之一,名列海味八珍之首。古人对它的功能早有论述,如《五杂俎》中称:"辽东海滨有之,其性温补,足敌人参,故曰海参。"由此可见,将海参誉为海中人参。所谓辽东海滨有之,主要是指渤海产的刺参。

刺参科主要经济种类有绿刺参、花刺参、梅花参、刺参。而目前价值最高的是属黄、渤海的刺参和南海的梅花参,特别是刺参,其经济价值可称之为"参"中之冠。

刺参是蛋白质含量高、糖类丰富而不含胆固醇的珍贵海产品,具有滋补强身的功能。水浸海参每百克含水分76克、蛋白质21.5克、脂肪0.3克、碳水化合物1克、灰分1.1克、钙118毫克、磷22毫克、铁1.4毫克。每千克干海参,含碘6 000微克。海参肠每百克含水分72.49克、粗蛋白8.84克、粗脂肪

2.09克、灰分1.6克、干肠含钒率为百万分之十二,为驱体的3倍。刺参的海参毒素(Holotonin)含量是每百克8.7毫克。刺参多糖类、氨基己糖、己糖醛酸和中性糖的分子比值2∶1∶1。此外,尚含有相当数量的岩藻糖(Lfucose),同时多糖分子中,含有硫酸脂值甚高。

我国从明代以后,就将海参收入本草列为补益药物。《本草纲目拾遗》称其"补肾经、益精髓、消痰涎、摄小便、生血、壮阳、治溃生蛆"。《本草从新》记有"补肾益精、壮阳疗萎",《随息居饮食谱》也有"滋阴补血、健阳、润燥、调整养胎、利产,凡产后、病后衰老匡孱、宜同火腿或猪、羊肉煨食之"之说。其主要功能补肾壮阳、益气补阴、通肠润燥、止血消炎、内脏镇惊止痛。

据民间经验知道,不同种的海参,都可直接入药治疗,如刺参、梅花参,有补肾、治水肿的作用,辐肛参有延长凝血及治月经病的功能。煮食鲜海参,可医治肺结核咯血和再生性障碍贫血等。水发海参切成小块与梗米煮粥,调入精盐、味精,供早晚服用,有补肾、益精、养血的功能。用海参加磨菇、玉兰片、虾皮煮汤,为老年人理想的滋补品。

海参体壁除可供药用外,海参肠也是治病良药。肠中含有一种硫酸多糖,特别是含钒量相当高,炖吃海参肠,治小儿麻疹,疗效很好。海参肠焙干研末服用,可治胃及十二指肠溃疡。

现代药理研究表明,刺参体壁真皮结缔组织体腔和真皮内腺管及内脏所含有的酸性多糖,对人体生长、愈创、抗炎、成骨和预防组织老化、动脉硬化等,有着特殊功能。粘多糖又是一种抗瘤谱较广的药物,动物经腹腔静脉注射多种移植性实验对治疗肿瘤有较显著的疗效。对MA-767乳腺癌、S180、

S37、L10-1淋巴肉瘤等,均有较明显的抑瘤作用。同时,也具有较强的抗转移作用。另外,粘多糖又能提高巨噬细胞的吞噬功能。从海参中提取的海参毒素,是一种抗霉剂,在6.25~25微克/毫升的浓度时,能抑制多种霉菌。

第一节　刺参的生物学

一、形态与构造

（一）外部形态

刺参（*Apostichopas japonicus* Selenka）,体成筒状,呈黄瓜形（见图1—1）,长20~40厘米,宽3~6厘米,横断面略呈四角形,体腹面平坦如脚掌。腹面朝地,管足沿腹面三带区排列成不规则的三纵带。背面略隆起,具大型圆锥状肉刺,排列成4~6个不规则纵行,口在前端偏于腹面,触手20个,具分枝,围生于口周,具触手坛囊。肛门在后端,偏于背面。触手基部、口的背面有一乳突,生殖孔即位于此。

（二）内部构造

1. 体壁与肌肉

最外层为角质层,具有保护作用。角质层之下为表皮,表皮下为厚的结缔组织,其间有无数的小型骨片。骨片形态变化

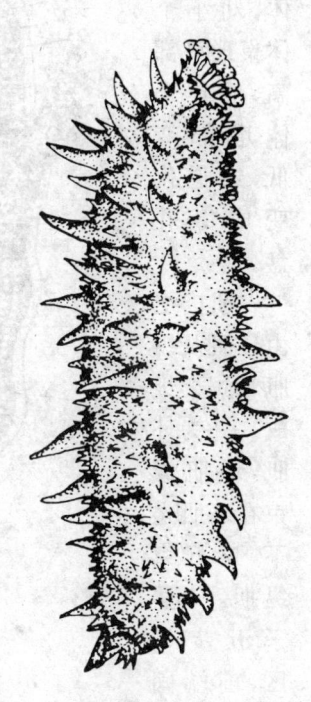

图1—1　刺参外部形态

很多,是鉴定种的依据。刺参骨片为桌形体,幼小个体桌形塔部高,成年个体塔部变低,或退化变成穿孔盘。

肌肉层,由环肌及纵肌两层组成。外为环肌,纵肌成束在环肌之下,这五束纵肌,分居于五步带区,前端固着于石灰环上,后端依附着肛门之周围,动物体依靠肌肉

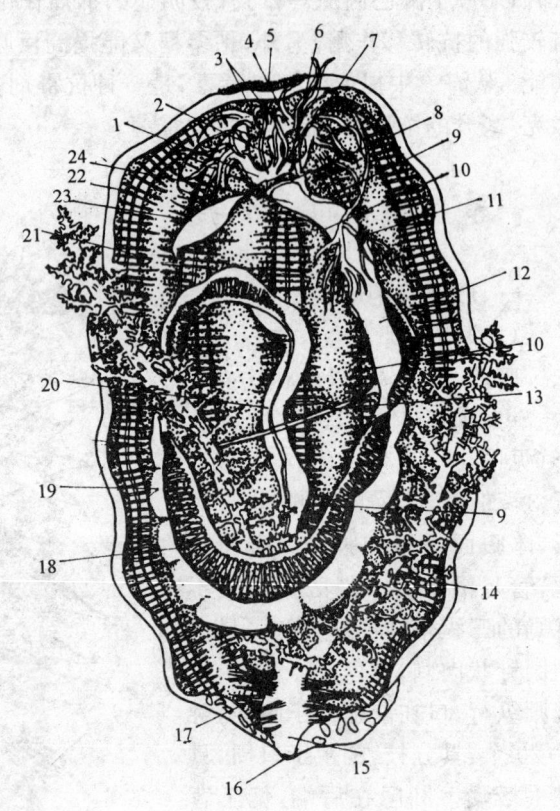

图1-2 刺参的内部构造
1.水管环 2.幅步管 3.触手坛囊 4.石灰质之食道骨环 5.触手 6.内筛板 7.石管 8.血管环 9.背血管 10.腹血管 11.生殖腺 12.下降肠 13.连结血管 14.水肺 15.排泄腔 16.肛门 17.幅肌 18.血管网 19.上升肠 20.直肠 21.坛囊 22.纵肌 23.保利氏囊 (Polian vesicle) 24.食道

的伸缩而运动。

在环肌与纵肌之下,有一层薄膜为体腔膜。膜可延伸与肠相连,称悬肠膜。其共3片,即左悬肠膜、右悬肠膜和背悬肠膜。体腔内有体腔液,当身体收缩时,可做不定方向流动。

2. 消化系统(见图1—2)

消化道是一条纵行管,在体腔内弯曲二次,口中没有咀嚼器,刺参将海底的食物连同泥沙一起吞入消化道中,吸取其中所含的食料。食道周围有10片石灰质骨片,5片位于步带区,另5片位于间步带区。这些骨片都是白色,为5束强大纵肌的固着点,肠为圆筒形,在体腔中做两次曲折,因此由横断面看,有3个肠子切面,后端膨大成总排泄腔,其末端开口即肛门。

3. 呼吸系统(水肺)

刺参的呼吸器官,有呼吸树和管足。在泄殖腔的旁边,有一条短而粗的薄壁管,由此管分出两分枝的盲囊,伸入体腔中,外形呈树枝状,故称呼吸树。海水由肛门进入排泄腔,然后流入呼吸树,借此吸收氧气。左侧呼吸树之外,分布有血管,氧气通过此部得由血液携带到其他器官,CO_2经此途径,随海水排出呼吸树而至体外。

管足其壁甚薄,水中之氧可经管足吸收,CO_2经此排出体外。

4. 排泄系统

无专有之排泄器官,而由呼吸器官兼行之。

5. 循环系统

刺参的循环器官,已完全与外界断绝交通,食道上围有一血管环,即在水管之下,由此环分出5条辐射血管,沿五步带区分布而埋藏于皮肤肌肉层中,直延伸到体之后端。肠外附有肠血管一条,在肠与悬肠相接之一侧血管,即背肠血管,另一条在无悬肠之一侧,即腹肠血管。这两条肠血管又形成血管网,分布与肠曲折之间。左呼吸树与背肠血管所形成的血管网紧密相连。刺参的血液透明为褐色。

6. 步管系统

刺参的筛板,藏于体腔内,并与体壁层完全分离,成为体腔中游离的物体,白色,为一个穿有许多小孔的石灰板,水管环围于食道而在血管环之上方,分出五辐步管,先向前走,分支于触手,复向后侧,沿步带区分枝于管足或刺。各管足及触手基部,具有坛囊,由水管环通一梨形波里氏囊及一石管,末端开口于体内。

7. 神经系统

口神经系:神经环位于食道骨片内面,分出五幅神经,先向前走,分枝入触手,复向后行,沿步带区而分枝于管足、坛囊等处。

深层神经:缺神经环,只有五条幅神经,位于口神经之内,其分枝分布于环肌、纵肌上。

8. 生殖系统

刺参为雌雄异体,外观难以辨认,生殖腺为树枝状细管,向前有一总管叫生殖管,开口于体背面。生殖期卵巢变为杏黄色或桔红色,精巢变成黄白色或带乳白色(渔民称生殖腺为"参花")。

二、地理分布与生态习性

(一) 地理分布

刺参产于北太平洋浅海,苏联的萨哈林岛、海参崴,日本横滨、九州,朝鲜沿岸。我国主要产于辽宁大连、河北省北戴河、秦皇岛、山东的长岛、烟台、威海及青岛沿海区域,以辽宁及山东长山岛海域,刺参质量最优。

(二)生态习性

刺参多栖息于水深为3～15米的浅海中(辽宁及长山岛海域可达35米)。生活在波流静稳、无淡水流入、海藻茂盛的岩礁底,或大叶藻丛生的较硬的泥沙底。盐度为28～31,pH值为7.9～8.4,水温不高于30℃,冬季不结冰。它的食料为小的动植物,如有孔虫、腹足类及桡足类、硅藻及混在泥沙里的有机质等。捕食时,借触手力量连泥沙一并吞入。

刺参受到强烈刺激时(如海水污浊、水温过高、离开海水或其他原因时),常常把它的内脏(消化管、呼吸树)全部由肛门排出来,这称之谓排脏现象。海参都有此现象,但刺参排脏现象特别显著。刺参在离开海水时间过久时,其体壁会溶化(自溶),故采捕后应立即处理不可久置。如环境合适,新排出的内脏可以再生。海参再生力很强,如把身体切成几段放回海中,几个月后每段仍能再生成为一个完整的个体。

环境对于刺参的体型大小、色泽和肉刺有很大的关系。它一般是褐色或粟色,但生活在岩石底的个体和生活在泥沙、混有贝壳及碎石底的相比较,前者的颜色往往深于后者。生活在海藻间者,常带有绿色,有时变成白色、赤褐色或紫褐色,白色的刺参极稀少。生活在岸石底水温较低地区的个体,肉刺比较多而高。生活在沙泥和水温较高的地区所产的个体,肉质比较肥厚,个体较大。刺参产卵后,水温高过20℃时,即迁移到海水较深、较安静的岩石间潜伏不食不动,这种现象称为夏伏(夏眠)。在此期间,消化管萎缩成透明线状,一般夏伏期在100天左右。成年或老年刺参夏伏时,常到水深处,并钻入石堆内部,幼小个体夏伏的海水较浅,所以夏伏结束后幼小的个体,先出来活动和摄食。山东沿岸夏伏期在7月至10月初。

第二节　刺参的人工育苗技术

一、国内外刺参人工育苗发展概况

由于刺参有较高的营养和药用价值,人们很早就将刺参列为主要经济研究对象加以开发。开发最早的地区是亚洲,日本早在20世纪30年代,就开始进行刺参人工育苗和增养殖技术的开发研究。1938年,稻叶伝三郎首次进行人工育苗尝试,用人工解剖方法获得受精卵,并且培育耳状幼体15天。50年代,日本学者箕作、山内、田中、崔相等,对刺参生态习性、生活史及生物学和生态学进行调查研究,并对刺参产卵期进行调查。田中在1958年,研究了刺参性腺变化、摄食和消化过程等,为人工育苗提供了依据。1958年今井大夫、稻叶伝三郎及佃中正吉,用无色鞭毛虫作为刺参幼体饵料,首次在1.9米^{3}的水泥池内培育出稚参569头。1977年,福冈水产试验场的石田雅俊,改变传统的人工解剖性腺获得受精卵的方法,首次采用升温诱导法获得受精卵。在4～10米^{3}水体中,培育耳状幼体2 975万个,获得体长410微米的稚参85 000头,稚参平均出苗量为2 200～8 600头/米^3,采用升温诱导法获得受精卵,为人工育苗工厂化批量生产打下基础。80年代以来,由于刺参资源的日益减少,刺参人工育苗与增养殖迅速发展,某些水产试验场及栽培渔业中心,如福冈、石川、山口、长崎、佐贺、岗山、岩手、爱知等县,相继开展了刺参人工育苗技术的开发研究,对人工育苗中的某些生态因子对幼体发育的影响、幼体发育生理、幼体稚参食性、营养等,进行了深入研究,人工育苗水平明显提高,人工育苗技术基本确立。幼体培育一般采用了 $0.5\sim1$ 米^3 的强化塑料水槽,少数采用水泥池,初耳幼体放养 $0.5\sim1$ 个/毫升,幼体饵料为浮游植物(单胞藻类),以角毛藻、金藻为主,培育水为砂滤水,日投饵量维持培育水单胞藻饵料浓度为 $1\sim1.5$ 万/毫升,初耳幼体至 0.4 毫米,稚参的成活率为 $0\%\sim88\%$,平均为 32%,稚参出苗量为 $0\sim44$ 万/米^3,平均 18.4 万/米^3(见表1-1)。稚参培育又称中间

表1-1 冈山县水试刺参幼体饵料和成活率的年度变化

年度	饵料种类	稚参单位水体出苗量(万头/米^3)		成活率(%)	
		范围	平均	范围	平均
1981	角刺藻+pav.1*	16~27.8	25	32.0~55.6	50.5
1982	角刺藻+pav.1*	3.95~15.7	11.3	7.9~31.4	22.6
1983	角刺藻+pav.1*	0.3~20.55	13	0.6~44.1	26.0
1984	角刺藻+pav.1*	3.65~5.65	4.7	7.3~11.3	9.4
1985	角刺藻+pav.1*	0~10.25	4.4	0~20.5	8.8
1986	角刺藻	6.25~44.3	25	12.5~88.6	50.5
1987	角刺藻	3~13.65	7.8	6.0~27.3	15.6
1988	角刺藻	13.15~238	19.25	26.3~47.6	38.5
1989	角刺藻	20.4~43.15	30.55	40.8~86.3	61.1
1990	角刺藻	8.5~23.8	18.10	17.0~47.6	36.2

* pav.1 为 pavloua latheri.　　　　　　　　　　　　(依池田善本)

培育,一般采用容积 $2\sim10$ 米^3 的水泥池,稚参附着基为预先附有底栖硅藻的透明乙烯波纹板。将附有稚参的波纹板,移置于吊挂在大池内的网箱里进行流水培育,培养水为砂滤水,日

流水量为7～10个量程,稚参饵料前期为附着基上繁殖的底栖硅藻,后期投喂人工配合饵料或冷冻硅藻,培育至体长1厘米的幼参,单位水体出苗量为2 000～3 000头/米^3,可望达到4 000～5 000头/米^3,年出苗量一般为200～300万头,高者可达2 675.6万头(1989年)。在人工育苗的同时,开发了自然海区进行的半人工采苗,但是该方法受海况条件制约很大,能够进行半人工采苗的海区,以及在该海区能够进行量化生产的年份并不多见,技术有待进一步完善。

70年代,俄罗斯在远东符拉迪沃斯托克(海参崴)大彼得湾,对刺参的生物学及人工育苗作过调查研究,采用升温刺激获得受精卵,而以三角褐指藻、扁藻、盐水肾球藻作为幼体饵料,进行人工育苗试验,单位水体出苗量可达4 000头/米^3。从80年代末,韩国也相继开发了刺参人工育苗技术的研究。

我国刺参人工育苗技术的开发研究,始于1954年,中国科学院张凤瀛、吴宝玲等,在北戴河采用性腺解剖取卵人工授精的方法初获成功,并在试验室培育出耳状幼体和樽形幼体。1956～1957年,在解剖性腺取卵人工授精的基础上,进一步探讨温度刺激诱导产卵的效果,论证了23℃～24℃是适宜的诱导刺激水温。以菱形藻和滴虫为幼体饵料,培育出一定数量的稚、幼参。60年代初,山东省海水养殖研究所陈宗尧等,采用解剖性腺取卵人工授精的方法,获得受精卵,以衣藻、小新月硅藻、小球藻、盐藻等为幼体饵料,以石莼、大叶藻的粉碎液为稚参饵料,培育出一定数量的稚、幼参。以后由于种种原因,此项研究中断,直到1973年原农林部下达了刺参人工育苗和增养殖试验研究课题后,北方沿海山东、河北、辽宁三省,重新开展了刺参人工育苗技术的开发研究。

刺参人工育苗技术研究,在 70 年代和 80 年代初发展迅速,各科研、教学、生产单位,相继对该课题进行了以下几个主要方面的的研究:刺参的性腺周期发育规律、产卵习性、胚胎发育、幼体发育与理化、生物因子的关系,幼体摄食习性、饵料种类的筛选、饵料生物的生态特点及培养方法、稚参的生态习性、稚参饵料、环境因子对稚参成活、成长的影响等,为工厂化育苗提供了科学依据。1984~1985 年,黄海水产研究所、辽宁省海洋水产研究所、山东省海水养殖研究所的刺参人工育苗技术研究,相继通过鉴定,逐步形成一套较完善可行的工厂化育苗工艺。育苗水平及单位水体出苗量,有突破性进展,如黄海水产研究所 1985 年在蓬莱海珍品增殖中心的 192 米^3 培育水体中,培育出体长 1 厘米以上的幼参 323 万头,平均单位水体出苗量 1.6 万头/米^3,最高出苗量达 2.6 万头/米^3。目前,体长 1 厘米以上幼参,单位水体的平均出苗量稳定在 5000 头/米^3,高者可达 1~2 万头/米^3,一个生产单位年出苗量可达 400~500 万头,高者可达 600~800 万头。

二、繁殖生物学

(一)性腺发育及生殖习性

1. 性腺发育

生殖腺生于刺参的背系膜中,呈多分枝状,各分枝在围食道处汇聚成总管,一般为一条,偶尔可见 2~3 条,总管向前通向生殖孔。生殖孔一般 1 个,偶尔 2~3 个,位于头背部距前端 1~3 厘米处的生殖疣上。在通常情况下,生殖疣向内凹陷,生殖时凹陷处色素加深,当即将排放精(卵)子时,生殖疣向体外突出呈疣状。

性腺发育一般可分休止、恢复、发育、成熟、排放等五期。

(1) 休止期：从 7 月到 11 月，性腺呈透明状细丝，量极少，一般性腺重量在 0.2 克以内或难以发现，肉眼难辨雌雄。

精巢：生殖腺上皮沿管状壁没有凹凸，由 1～3 层精原细胞或精母细胞组成。

卵巢：生殖腺上皮沿管状壁没有凹凸，多为一层，有时由二层卵母细胞组成，卵径大约 10 微米或更小。

(2) 恢复期（增殖期）：从 12 月到翌年 3 月，性腺多呈无色透明或略呈淡黄色，部分雌雄可辨，发育较慢，性腺重量一般 0.2～2 克，性腺指数在 1% 以内。

精巢：生殖上皮显著生长，沿管壁出现凹凸皱褶，精子尚未形成。

卵巢：生殖上皮生长显著，沿管壁出现凹凸皱褶，生殖腺横断面呈花瓣状，卵母细胞直径在 30～50 微米。

(3) 发育期（生长期）：此期可分为发育 I 期和发育 II 期，一般在 3～5 月上旬为发育 I 期，性腺逐渐增粗，分枝增多，性腺呈杏黄色或浅桔红色，雌雄肉眼可辨，性腺重量多为 2～5 克，性腺指数为 1%～3%。5 月下旬为发育 II 期，性腺发育迅速，性腺颜色加深，雌雄明显可辨，重量急剧增加，一般为 3～13 克，7 克以上者占总数的 70% 以上，最重的可达 43 克，性腺指数上升为 7% 左右。

精巢：在生殖上皮管腔侧有少数精子细胞，在管腔内有精子出现。

卵巢：卵母细胞充满整个卵巢，卵径在 60～90 微米。

(4) 成熟期：青岛地区一般在 5 月下旬至 6 月上旬，性腺变粗，色浓，精巢呈乳黄色，卵巢呈桔红色半透明状，卵粒清晰可见，性腺重 10 克以上者占总数的 50%，约一半个体性腺指数达10%。

精巢:精巢腔内充满精子,生殖上皮仍有多数精母细胞。

卵巢:卵母细胞直径达110～130微米,卵母细胞充满整个卵巢腔,出现个别成熟卵。

(5)排放期(放出期):6月上旬开始,出现自然排精、产卵现象,亲体越大,成熟越早,排放精(卵)子越早。

精巢:精巢内由于精子的排出,出现明显的空腔,生殖上皮仍有一定厚度,由许多精母细胞组成。

卵巢:卵巢腔内仍有残存未产出的卵细胞,在产卵期过后,其残留卵在继续崩坏。

排放期过后,水温升高,刺参停止摄食,逐渐处于夏眠状态,性腺迅速退化,呈休止期状态(图1-3)。

2. 生殖习性

刺参在我国辽宁、河北、山东与江苏北部沿海岛屿,均有分布。其繁殖季节,一般南部地区早于北部地区,潮间带早于潮下带。就是在同一地区繁殖季节,随年份不同也有变动,变动的因素较复杂,但以水温的变化为依据较可靠。日本报道,北海道的青刺参产卵期为6月下旬至9月上旬,宫城县的万石浦其产卵期为6月下旬至7月上旬,女川湾为7月下旬至8月下旬,产卵水温13℃～20℃。我国山东半岛南部沿海,产卵期为5月底至7月中旬,山东半岛北部沿海蓬莱、烟台、威海等地为6月上旬至7月中旬,大连地区为7月上旬至8月中旬。产卵水温,从各地看,在15℃～23℃范围内,多在18℃～20℃之间。

刺参排放精(卵)子,大多数在晚间,一般在20:00～24:00,近几年下半夜,甚至凌晨3点至4点,也出现排放精

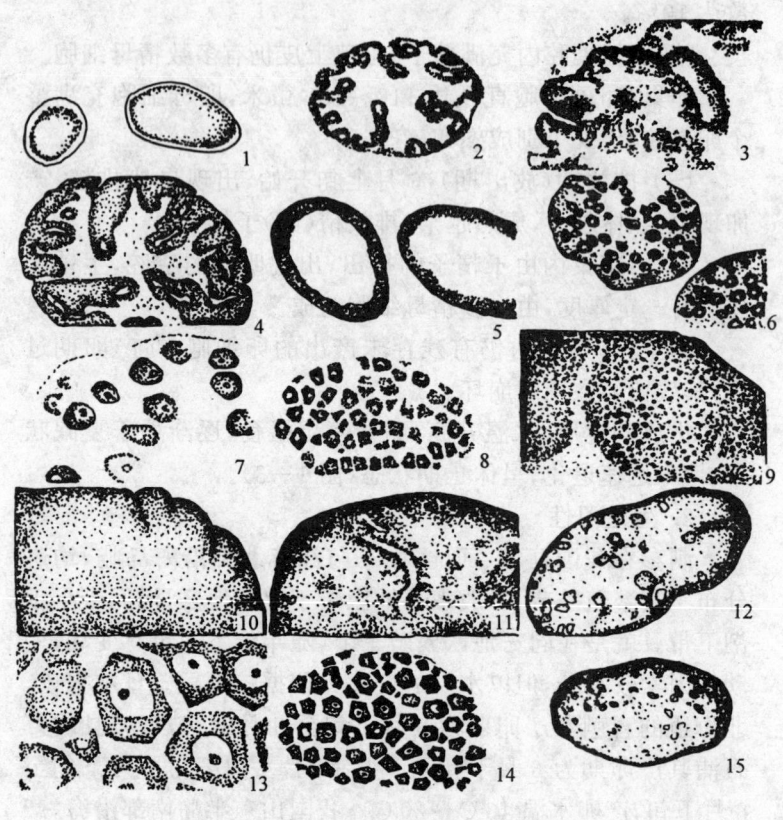

图1-3 刺参性腺发育周期变化(依隋锡林)
1. ♂休止期 2. ♂增殖期 3. ♂增殖期 4. ♂生长期 5. ♀休止期
6. ♀增殖期 7. ♀增殖期 8. ♀生长期 9. ♂生长期 10. ♂成熟期
11. ♂放出期 12. ♂放出期 13. ♀生长期 14. ♀成熟期
15. ♀放出期

(卵)子的现象。产卵排精前,雌雄亲参活动频繁,不断地将头部抬起,左右摇摆,出现这种现象,预示着即将排放精(卵)子。

几乎都是雄的先排精,排精持续半个多小时后,雌参才开始产卵。排精时,生殖疣突出,精子由生殖孔排出,呈一缕乳白色的烟雾状徐徐散开。产卵时,生殖疣突出,卵子从生殖孔产出后,呈一条桔红色绒线状波浪似地喷出,然后慢慢散开沉于池底。一般雌参产卵断续可持续半个小时以上,产卵量一般100～200万粒,多者多达400～500万粒,个别大的个体,产卵量可超过千万粒。

刺参性成熟年龄为二龄,而且往往与个体体重有很大关系,个体过小即使实足二龄,性腺仍然不发育、不成熟。在控温人工养殖的条件下,即使不足二龄,体重250克以上的个体,性腺发育依然很好。笔者明显观察到,刺参生物学最小型的个体,为体重110克,躯体重60克。据日本崔相报道,青刺参生物学最小型为躯体重39克,一般为58～60克,成熟期卵巢每克含卵量22～29万粒,平均25万粒,体重200～300克的亲参怀卵量一般为350～500万粒。

(二)胚胎及幼体发育

1. 胚胎发育

(1)受精、卵裂:刺参卵子为均黄卵,卵黄含量少,在细胞内分布较均匀,极性不明显,成熟卵的卵径在140～170微米,沉性卵。刺参的精、卵成熟后排出体外,体外受精,刺参受精是在第一次成熟分裂的中间进行的,为单精受精类型。卵子受精后,受精膜举起,一般依此作为卵子受精的标志,卵子受精20～30分钟,放出第一极体,约45分钟,放出第二极体,而后进入卵裂期。刺参属于辐射等裂和全裂,其特点是分割沟遍及整个卵子,分裂球大小相等。卵裂的结果,从动物极看分裂球呈辐射状排列。第一次分裂,分裂面通过卵子动植物极,两个分裂球大小相等,第二次分裂也是纵裂,分裂面仍与卵轴平行,与第一次分裂面相垂直,产生四个大小相等的分裂球,第三次分裂为横裂,分裂面位于卵子赤道附近,产生八个全等细胞,排列二层,而后的卵裂,基本都以纵裂与横裂交替进行。卵裂结果细胞数量不断增加,细胞体积越来越小。

(2)囊胚期:刺参受精卵经多次分裂,分裂球达512个时,胚体就进入囊胚期。胚体中央出现一个大而圆的空腔为囊胚腔,故刺参属有腔囊胚。此时,周身遍生纤毛,之后胚体由原来近似园形开始,在动植物极方向上拉长,且由于体表生有纤毛,囊胚开始在卵腔内转动,转动方向从动物极看以左旋为主,但是有时急速地变为相反的右旋。囊胚期后期,胚体在膜内旋转不久就脱膜而出,在水体中继续旋转,称为脱膜旋转囊胚。

(3)原肠期:刺参的原肠形成属于内陷法。在受精后约14~17小时,拉长的囊胚,在植物极先变为扁平,而后逐渐内陷,内陷程度由浅到深,经内陷后形成的腔,称为原肠腔,其深度可达整个胚体的1/2左右。与胚体相通的口,称为原口。到了原肠后期,原肠腔由原来直立方向逐渐向胚体一侧倾斜,此处将成为幼体腹侧,最后原肠的顶端成直角弯曲,并逐渐与腹面形成的凹陷相接近,这一凹陷称为口凹,原来的原口形成肛门。在原肠弯曲部分的囊胚腔内,细胞继续增殖,一部分向反口面的正中线延长成管状,另一部分在食道基部呈囊状,管状部分在背部开口形成背孔,中间的管为孔管,囊状部分进一步分化为体腔和水腔。在原肠作用的同时,原肠顶端分出中胚层母细胞,在囊胚腔中分裂产生原始星状间叶细胞,形成原始间充质,将来形成成体的骨片、肌肉和结缔组织等。

2. 幼体发育

(1) 耳状幼体：由原肠期进一步发育，其幼体的侧面很像人的耳朵，故名曰耳状幼体。此期幼体，体形背腹扁平，外部形态较前有十分明显的变化，随着发育，耳状幼体又被分为初耳状幼体、中耳状幼体、大耳状幼体。初耳幼体结构简单，幼体臂刚长出，明显的只有口前臂与口后臂，消化道已明显分口、食道、胃、肠、肛门，在胃与食道交界处的左侧有体腔囊。由于消化道开通，幼体开始从外界摄取食物。中耳幼体有6对幼体臂粗壮明显，水体腔呈扁囊状且拉长。大耳幼体有6对幼体臂很粗壮，身体两侧即后背、间背、前背、后侧臂及额区背部上方，出现5对年轮状球状体，水体腔进一步发育长出5个囊状初级口触手原基和交互排列的辐水管原基，后侧臂的下端一侧出现一个石灰质的幼体骨片。

整个耳状幼体，主要系统发育如下：

纵纤毛带：原肠期纤毛遍布整个体表面，发育到耳状幼体，却只在身体两侧，由外胚层形成的两条纵行嵴起上才具纤毛，即是纵纤毛带。这两条纤毛带，在出现后不久，彼此联系在口凹的前面形成口前环，在肛门前形成肛前环。

幼体臂：在幼体发育过程中，由于某些体区部分长的较快，所以便突出于体表而被称为幼体臂。幼体臂呈左右对称排列，共6对，按其所在位置不同，分别命名为口前臂，它位于幼体腹面的前端；口后臂，位于幼体腹面的后端，即食道与胃交界处的前端；前背臂，位于幼体前端背面，口前臂的斜上方；后背臂，位于幼体背面后端；间背臂，位于幼体背面中央部的两侧，前后背臂之间；后侧臂，位于幼体身体两侧最末端的背面。

消化道：由原来呈简单管状构造逐渐分化为界限分明的

口、食道、胃、肠和肛门。口呈漏斗状，四周密布许多细小的纤毛，称为口纤毛环。幼体借助纤毛环纤毛的摆动形成水流，饵料随水流进入食道。食道管状具有许多排列整齐的环形皱纹，饵料通过食道强有力地收缩，将其压入胃内。胃呈椭圆形或梨形，它的前端与食道连接处，有一明显的狭窄部，饵料进入胃之后，随胃液的流动而翻动，在胃液的作用下，易消化的饵料如盐藻等，在胃内不足1分钟即被消化，仅留有不易消化的残渣排入肠内。肠呈管状，自胃通出后立即向腹面弯曲，并开口于后端的腹面，即肛门。肠和胃连接处，也有一个明显的隘部，消化后的残渣及尚未消化的饵料，经过肠由肛门排出体外。

水体腔和体腔：体腔囊在耳状幼体阶段，逐渐向幼体的左侧移动，并自行分化为左前体腔、水体腔和后体腔三部分。右前体腔很小，为退化部分，它与背水孔管相连。后体腔不断向腹面延伸，直延伸至幼体胃的右侧，且很快一分为二，位于右侧的为右后体腔，位于左侧的为左后体腔。水体腔位于食道与胃交界处的左侧，开始呈囊状，后来随着幼体的发育，逐渐变成半环形，并以凹下一侧向着食道，凸面向外侧，幼体发育至大耳时，从半环形水体腔的外侧壁上生出五个指状小囊，称为五触手原基，它将来构成体触手的一部分，在五触手原基形成的同时，与五触手原基相间排列出现另外五个囊状构造，即辐水管原基，到幼体后期，它向身体后部伸长，逐渐发育成成体的辐水管。

（2）樽形幼体：耳状幼体进一步发育，由背腹扁平形，而逐渐变为圆桶形，形状很象被囊动物的海樽，故名樽形幼体。由耳状幼体变为樽形幼体的过程中，幼体体形和结构发生了很大变化，首先表现在直观上的突出特点是，幼体体长明显缩

小,大约仅为耳状幼体的一半,身体由透明状变为暗灰色,内部构造已辨别不清,仍可见五对球状体。主要系统发育有:

纤毛环的形成:在体缩的同时,原有的纤毛带很快失去其连续性,而变成了许多段落,经过重新排列后,形成樽形幼体的五条纤毛环。樽形幼体依靠五条纤毛的摆动,在水中呈浮游状态。

环水管和波里氏囊:此期水体腔,不仅改为横于食道之下,而且还以凹面向上逐渐将食道包围起来。此时,原来的后部位于食道的腹面,原来的前部已经移到食道的背面,当背腹两部彼此相结贯通之后,一个完整的环水管便形成了,同时由水体腔的腹面部分产生出一个囊状物,即为波里氏囊。

后体腔的发育:左后体腔发育较右后体腔快,此期左后体腔的继续增大,绕幼体的消化道和右后体腔,最后两体腔隔膜消失,左右后体腔合并、扩大,逐渐发育成为成体的体腔。

前庭:在口凹的四周,由于外胚层的加厚及下陷,又重新形成一个较大的凹陷,称为前庭。原有的口凹,位于前庭底部中央,这时前庭位于幼体中部的前端,以后逐渐向前移动,后期则移至幼体前端的中央,在前庭中可以看到初级口触手,但此时口触手仍未伸出体表之外。

(3) 五触手幼体:此时期五个触手伸出前庭,故而得名五触手幼体。其主要形态变化有:

口凹腔加宽,肛门一度失去,不久重新形成,五触手从前庭伸出并逐渐生出侧枝。

幼体纤毛环逐渐退化,以至最后完全消失。

消化道伸长,变为弯曲,排泄腔一侧生出囊管,将来发育成呼吸树。

由间叶细胞形成石灰质骨片。石灰质骨片在体壁开始形成,且成 X 状体骨片,石灰质骨片在触手基部形成同为 X 状的石灰环。

靠近左后体腔的腹面上皮层产生一团细胞,以后这团细胞向后体腔伸展,并分化为生殖腺的原基,细胞团一端开口与外界相通,一端发育为生殖腺管。

(4)稚参:五触手幼体的后期,形态基本上构成参的雏形,幼体又开始拉长,并在体表形成一些外形似蜂窝状的钙质骨片。同时,在幼体腹面的后端、肛门的下方,生出第一个管足,稚参由幼体期的浮游生活,转变为营附着性生活,刚变态至稚参的个体体肤无色,呈半透明状,能透过体肤看到内部器官;以后色素逐渐增多,体肤由无色透明逐渐变成红色或红褐色(见图 1-4、表 1-2)。

表 1-2 刺参胚胎及幼体发育(水温在 20℃～21℃)

距受精时间	发育阶段	大小(微米)
20—30 分钟	极体出现	
43—48 分钟	第一次分裂(2 细胞)	
48—53 分钟	第二次分裂(4 细胞)	
1 小时至 1 小时 30 分钟	第三次分裂(8 细胞)	
3 小时 40 分钟至 5 小时 40 分钟	囊胚期	
12 小时至 14 小时 20 分钟	脱膜旋转囊胚	
14 小时 20 分钟至 17 小时 40 分钟	原肠初期	
17 小时 40 分钟至 25 小时 20 分钟	原肠期	
25 小时 20 分钟至 31 小时 30 分钟	初耳状幼体	360—430
5～6 天	中耳状幼体	600—700
8～9 天	大耳状幼体	800—1000
10 天左右	樽形幼体	400—500
11 天左右	五触手幼体	
12～13 天	稚参	300—400

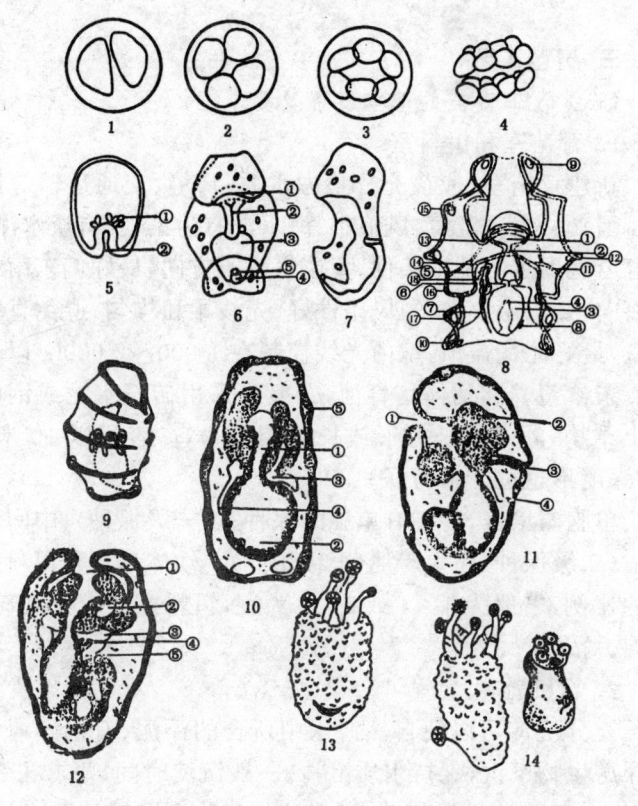

图1-4 刺参胚胎、幼体发育（依隋锡林）
1. 2细胞期 2. 4细胞期 3. 8细胞期 4. 16细胞期 5. 原肠胚期（①间叶细胞、②原口） 6. 初耳幼虫期（①纤毛带、②食道、③胃、④肠、⑤肛门） 7. 幼体侧面观 8. 后期大耳幼体（①口、②食道、③胃、④肛门、⑤初级口触手原基、⑥辐射水管原基、⑦左侧肠体腔、⑧右侧肠体腔、⑨球状体、⑩幼生骨片、⑪后前神经、⑫间背臂、⑬口前臂、⑭后臂、⑮前背臂、⑯后背臂、⑰后侧臂） 9. 樽形幼体 10. 樽形幼体平切（①食道、②胃、③环水管、④辐射水管、⑤纤毛环） 11. 樽形幼体侧面观（①口、②口触手、③小孔、④辐射水管）
12. 五触手幼体侧面观（①口、②初级口触手、③环水管、④辐射水管、⑤波里氏囊） 13. 五触手幼体期 14. 稚参

三、育苗工艺

（一）人工育苗的基本设备及要求

1. 育苗室和饵料室

新建育苗室,应该充分考虑水质、环境、交通运输等诸多方面因素。水质澄清、风浪小、海水没有污染、没有淡水注入,是育苗室用水的基本条件。育苗室建筑方向,最好偏东南或偏西南向,要求窗户大、通风条件好、光线柔和均匀,避免直射光入室,最好泥瓦盖顶,室内光线控制在 1 000～2 000lx 以内。

亲参蓄养和幼体培育池,一般可采用砖石水泥或钢筋混凝土结构,池子以长方形或长椭圆形为宜,容积以 10 米^3 左右,深度不超过 1 米为好。

单胞藻培养,要备有单独的保种室(一级保种)、中间培养槽池(二级保种)和生产池(三级培养)。幼体培育和饵料生产池的比例,一般为 1∶4 或 1∶3 为宜,饵料室要求光线充分、均匀、可调。

2. 沉淀池

充分沉淀可以使自然海水中所含的浮泥、有机碎屑和各种浮游生物下沉,保持水质澄清。一般沉淀时间,要求在 24 小时以上,沉淀池最好加盖,沉淀池的污物要及时清除,以免时间长,沉淀物腐败分解产生硫化氢、氨等有毒物质,败坏水质。一般要求,一周左右清扫池一次,特殊情况如大风浪过后,应立即清扫,沉淀池的总容量,可为日用水量的 2～3 倍。

近几年,出现使用斜管式沉淀池,该种沉淀效果好,沉淀效率高,池体小、占地少。缺点是斜管耗用较多材料,老化后尚需更换,费用较高,同时维护、管理及排污等较麻烦。

3. 砂滤池

沉淀后的自然海水,还需经过砂滤后才能进入培育池。过滤形式一般采用砂滤,滤料为不同规格的砂石,滤层由底层向上分别为卵石、砾石、砂粒、细砂,每层厚度10～15厘米,细砂层要适当加厚,可增至40～60厘米。目前,经常采用的砂滤方式有:

(1) 自然砂滤过滤池:它是靠水的自重通过滤料层,此种砂滤池结构简单,投资少,但压力小,水的流量少,而且要经常清洗砂层,花费劳动力大。

(2) 高压反冲过滤槽(缸):砂滤槽(缸)是一个封闭系统,由水泵或者高位沉淀池把水压往槽(缸)内,经过砂滤再流入培育池(见图1-5)。这种形式结构简单,是用钢筋水泥筑成,或者用钢板制成,槽(缸)内中间有一层筛板,石子和砂就铺在筛板上边,也有的铺设网衣和纱窗网,上面再铺上筛绢、细砂等。这种过滤槽,建有反冲设施,新建反冲砂滤槽(缸)开始工作前,必须按以下步骤进行工作:① 先打开D阀,使沉淀水自下而上慢慢进入,直到槽(缸)满即关闭D阀;② 打开A阀,使沉淀水自上而下过滤,并打开E阀将下部水放掉,然后关闭E阀,同时打开B阀,使过滤海水流入培育池。

当需要冲洗砂层时,则关闭A、B阀,打开D、C阀,水自下而上反复冲洗,直到干净为止。

(3) 重力式无阀滤池:近几年,在规模较大、用水量较多的大、中型育苗、养殖场,多采用重力式无阀滤池,结构见图1-6。

Ⅰ 过滤状态
Ⅱ 反冲洗状态

无阀滤池,适于滤前水悬浮物含量小于10毫克/升,

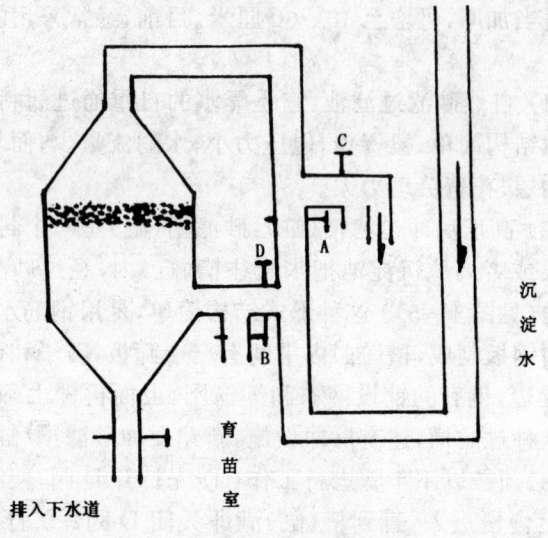

图 1-5 反冲高压过滤罐结构

个别可达 15 毫克/升。目前国内无阀滤池单台滤水量在 500 米^3/小时左右。该种滤池的优点是,不需设置阀门,自动冲洗,管理方便,而且可以成套定型用钢制作,上马快。缺点是,清沙不便,反冲时要消费部分水量。

（二）亲参采捕与蓄养

1. 亲参采捕

（1）采捕时间:掌握亲参性腺发育规律,提供亲参采捕的适宜时间,是获得性腺发育良好亲参的关键。采捕过早的亲参,蓄养时间过长,其性腺会萎缩退化,而且增加管理费用,采捕过晚的亲参,在自然海区已排放性产物,将会失去获卵的机会。即使能获少量的卵,卵的质量也难以保证,往往增加幼体培育的难度。根据多年的实践,确立亲参采捕的适宜时间,一般可参照两方面的因素:一方面是海水温度,海底层水温上升至15℃~17℃范围时,即是亲参采捕的时期;另一方面是性腺指数,当我们采捕亲参的性腺指数

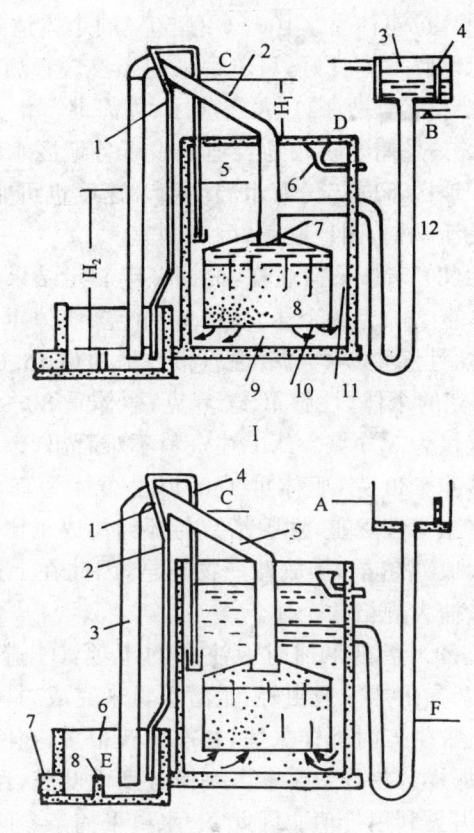

图1-6 重力式无阀滤池的过滤和反冲洗状态(依钟淳昌等)
Ⅰ.过滤状态
1-辅助虹吸管;2-虹吸上升管;3-进水槽;4-分配堰;5-清水箱;6-排水管至清水池;7-挡板;8-滤池;9-集水区;10-格栅;11-连通管;12-进水管
Ⅱ.反冲洗状态
1-抽气管;2-虹吸辅助管;3-虹吸下降管;4-虹吸破坏管;5-虹吸上升管;6 排水井;7-排水管;8-水封堰

(性腺重/躯体重×100%)有50%的个体达到或超过10%时，预示性腺发育良好，可着手采捕亲参。青岛地区5月下旬，山东北部沿海6月初，大连地区、黄海北部沿海，在6月下旬至7月初，采捕亲参较为合适。由于各地区水温回升快慢不一，同一地区不同年份海水温度回升速度也可能有差异，因此，必须灵活掌握，因地制宜，因时制宜。

（2）亲参采捕规格：根据多年测定结果的统计资料，刺参躯体重255克的个体，性腺重98克；躯体重为130～255克的个体，性腺重34.7克，性腺指数平均为16.6%；躯体重115～200克的个体，性腺重17.6克；躯体重80～110克的个体，性腺重仅为5.6克。从上述资料不难看出，亲参的采捕规格，应在体重250克(躯体重130)以上个体为宜，一般成熟亲参的躯体重与性腺重，性腺指数与怀卵量成正比。另外，亲参个体越大成熟越早，排放性产物越早，因此在上述规格范围内，尽量采捕大规格的个体。

（3）亲参采捕时应注意的事项：① 避免过重的机械刺激。亲参采捕一般由轻、重潜水员来完成，具体操作时，绝不能同通常生产时那样采捕，一次捕获很多，在网兜内相互严重挤压，那样容易导致亲参因刺激过度而吐脏，性腺也随之排出体外，失去利用价值。因此，潜水员采捕亲参时，应特别仔细，一次采捕不能过多，及时将亲参送到船上暂养，操作时还应注意避免亲参个体受伤，皮肤不能破损。② 严格避免与油物接触。海参与油物接触，容易自溶造成皮肤溃烂引起死亡。采捕亲参使用的潜水船，目前一般都是动力船，不可避免要有柴油、机油等，因此潜水员和其他操作人员更应仔细，手绝对不能在接触油物后不经洗涤再直接拿亲参。同时，船上暂养亲参的容器及暂养海水,也不能沾有油渍。

保证海上暂养槽内水的清新,亲参由潜水员捕获后,通常不能立即送往陆上育苗室内蓄养,而暂养于船上的水槽内,待采捕到一定数量之后再送往陆上。因此,槽内暂养必须保持水的清新,应及时换水,避免水温的急剧变化,同时增设遮光设备,避免直射光的照射。槽内暂养密度不能过大,容积0.4米^{3}的玻璃钢水槽,最多可暂养100头亲参。

2. 亲参蓄养

即使在亲参采捕的最佳时期捕获的亲参,也往往不可能立即产卵,一般需要蓄养一段时间后才能排放性产物。因此,亲参蓄养也是人工育苗的一个重要环节,不能掉以轻心。要获得优质卵,必须将亲参养好,让性腺在蓄养期内充分发育成熟。

(1) 蓄养密度:亲参蓄养密度应适当,密度过大,会导致水体溶解氧下降,亲参长期处于低溶氧环境,性腺发育受影响,不能正常排放性产物。同时,出现一些非正常行为,如参体卷曲、翻转,在水池表面壁处不停地爬行,继续缺氧,当溶解氧降至0.6毫克/升时,亲参会因缺氧窒息而脱落池底,躯体僵直,呈麻木状态,部分个体因此而吐脏。亲参蓄养池内海水溶解氧,含量不能低于5~6毫克/升;蓄养密度一般控制在30头/米^{3}为宜,蓄养池容积10米^{3}以上,可适当减少密度,蓄养池容积小,可适当增加密度,蓄养池水温高和亲参个体大,也应适当降低蓄养密度。

(2) 日常管理:蓄养期间一般不投饵,每天早、晚二次换水,每次换水量为蓄养池水体的1/2或1/3,及时清除蓄养池内亲参的粪便和其他污物。为了提早育苗,当年能培养出大规格人工苗,也可以采用亲参升温、促熟的方法。亲参需要提前3~4个月的时间升温促熟,在这个过程中,需要投饵,投饵可以投自然饵料,也可以投喂人工配合饲料,日投饵量为体重的5%~10%。亲参蓄养期间,要注意观察亲参的活动情况,特别是在傍晚应连续观察,当发现一部分亲参在水池表层池壁上活动频繁,不时地昂头摇摆时,或者已出现雄参排精时,预示着雌参即将产卵,应及时做好产前的准备工作。

(三)采卵、孵化

1. 采卵

获得优质受精卵,是搞好人工育苗的基础。目前,国内采卵方法主要有以下几种:

(1)升温诱导法:海洋贝类育苗,如扇贝、魁蚶、鲍鱼等多用此法。升温方法可以将过滤海水在日光下曝晒,或者用电热器加温,或者添加高温水调温,使海水温度较原蓄养水温升高3℃~5℃。此法可以单独使用,也可以和其他诱导法综合使用。

(2)自然产卵:亲参采捕时间适宜、性腺发育充分成熟度好。在蓄养3~5天后,可出现在蓄养池内自然排放性产物的现象。自然排放多在傍晚20:00~21:00出现,先是雄参排精,半小时后可出现雌参产卵。

(3)阴干流水刺激法:亲参蓄养7~10天后,即可采用此法。根据排放性产物规律,可以人为地掌握其排放时间。刺激一般在17:00左右进行,先将蓄养池内海水放干,亲参在池内阴干45分钟或者1小时,然后用高压水冲击10~15分钟。冲击的同时,将蓄养池洗刷干净,注入经过过滤的新鲜海水。一般来说,刺激1.5~2小时后,亲参开始向表层池壁爬行,移动频繁,经常将头部抬起在水表层左右摇摆。此时,可出现雄参排精,约半个小时后,雌参开始产卵,即使当夜不产卵,翌日傍晚往往出现产卵现象,应特别注意。

采用阴干流水刺激法,在亲参排放初期、中期、末期,均能获得良好的刺激效果(见表1-3、表1-4、表1-5)。

表1-3 亲参排放初期阴干流水刺激催产结果

日期	亲参数(头)	排放数(头)		温度变化(℃)		获卵量(万粒)
		雄	雌	前	后	
1975.5.18	30	15	3	16.7	16.9	1 000
1977.5.30	30	3	1	15.3	15.8	1 024
1979.5.28	/	/	1	19.7	19.3	552.5

表1-4 亲参排放中期阴干流水刺激催产结果

日期	亲参数(头)	排放数(头)		温度变化(℃)		获卵量(万粒)
		雄	雌	前	后	
1975.6.22	30	8	7	17.6	18.0	5 412
1975.7.3	〃	12	4	23.0	23.1	3 058
1976.6.5	20	5	2	18.4	18.9	2 000
1976.7.18	〃	/	2	20.0	20.5	1 500
1977.6.5	32	25	2	18.3	19.5	1 644
1977.6.18	〃	16	5	19.8	22.2	5 000

表1-5 亲参排放末期阴干流水刺激催产结果

日期	亲参数(头)	排放数(头)		温度变化(℃)		获卵量(万粒)
		雄	雌	前	后	
1976.8.3	46	/	3	26.0	27.0	580
1976.8.4	40	5	15	24.8	25.3	856

阴干流水刺激,可以使刺参人工育苗做到有计划地生产,当幼体的饵料浮游单胞藻类培养充足,同时育苗间也空有培育池,只要有受精卵就可以进行有效的培育时,我们则可以采用此法获卵。另外,采用此法,可以使亲参产卵提前和推后,增加获卵次数和获卵量,延长人工育苗期间,有效地利用亲参(见表1-6)。

表1-6 阴干流水刺激与自然产卵排放时间的比较

		1976	1977	1978	1979
第一次产卵	刺激	—	5月30日	5月22日	5月28日
	自然	6月5日	6月5日	6月5日	6月5日
提前日期(天)			6	14	7
最后产卵	刺激	8月6日	7月7日	7月24日	—
	自然	6月24日	6月22日	6月30日	6月15日
延续日期(天)		43	15	24	

上述三种获卵方法,所获得的卵质量较好,受精率均在95%以上,而且孵化的幼体健壮正常。除自然排放性产物方法外,其余二种方法,均可以人为有计划地安排亲参产卵,进而与设备周转、单胞藻饵料的繁殖供应,实行有机的协调。

2. 受精

得到优质受精卵,是提高幼体成活率,影响人工育苗成败的重要一环。因此,在受精卵的处理上,必须予以足够的重视。目前,在大面积生产中,广泛采用的主要有下述二种方式:

(1)池内产卵受精:亲参在蓄养池内产卵的方式,雄参排精后,令其在池内继续排放一段时间,使池内有一定数量的精子,以利诱导雌参产卵。当发现雌参产卵后,需将尚在排精的雄参由池内移出,置于其他容器内,让雌参在池内产卵,并在池内受精。雌参停止产卵后,将池内所有亲参移出,待受精卵沉于池底时,采用虹吸方法将池内含有精液的池水移出,只保留距池底 10 厘米左右的池水,以免将受精卵连同池水虹吸掉。然后注入新鲜过滤海水,待受精卵再次沉于池底后,再用上述方法进行洗卵,一般需反复进行 2~3 次。这种方式,池内精液量难以人工控制,往往容易发生精液过多导致胚胎发育过程出现大量畸形,直接影响孵化率的现象。因此,在生产中,一般只是在亲参蓄养时间过长,或者亲参已数次产卵,体质较弱的情况下采用。

(2) 产卵箱产卵受精:产卵箱一般可采用容积 100 升的玻璃水族箱,或者塑料水槽(最好透明)。产卵前,将注满过滤海水的产卵箱,置于孵化(培育)池沿上,当发现亲参在池内产卵时,及时移到产卵箱内,亲参可在产卵箱内继续产卵,一般容积 100 升的产卵箱,最多可容纳 15~16 头亲参同时产卵。在产卵的同时,要及时添加精液,精液最好是多头雄参排精的混合液,精液添加量不宜过多,控制在卵周围一个视野面可见 3~5 个精子即可。由于刺参的卵为沉性卵,在产卵过程中,需要不断地搅动产卵箱内的水体,使卵处于悬浮状态,产卵结束后,应立即将亲参移出,继续不断搅动水体,受精卵在水体内均匀分布后,取样计数和观察卵受精情况。产卵箱内受精卵的密度,应控制在 200~300 粒/毫升以内。计数、观察后,应立即用虹吸方法,将受精卵移到培育(孵化)池内,到培育池内的受精卵密度,以 100 万粒/米^3 为宜。

此种方法,由于是人工添加精液,完全可以人为控制精子的浓度,不会出现精液过多的情况,因而胚胎发育正常,明显减少畸形。同时,幼体健壮,发育良好,利于培育。但是,在后期育苗期间,亲参畜养时间较长,体质差,可能在蓄养池内产卵,如若移到产卵箱内,往往不再产卵,因此后期育苗运用此法应慎重。

3. 孵化

目前,苗种生产中胚体发育及幼体孵化,多采用两种方法:一种是在孵化槽内孵化。此种方法,受精卵的密度较大,一般在 100～200 粒/毫升,孵化期间弱通气或定时搅动孵化水体;另一种方法是,胚体在培育池内孵化发育,采卵时,将受精卵直接移入培育池内时采用。此种方法,胚体在培育池内的密度不大(100 万粒/米^3),因而无须通气或搅动培育池水,通常情况下可以静水孵化。另外,在蓄养池内产卵时,其受精卵的密度难以控制,一般偏大,在孵化期间,应弱通气或者定时搅动水体,通常每小时搅动一次即可。

(四) 幼体培育

1. 初耳状幼体选优

健壮、发育良好的耳状幼体,在静水的条件下,一般分布于孵化槽或者培育池上表层。畸形及不健壮的幼体,则多沉于槽底层或池底层水内,利用幼体这一生态特点,用虹吸方法可以较彻底地清除孵化池(槽)底的畸形或不健壮幼体、死亡胚体及其他污物,而不至于使健壮幼体流失,这一过程称之为选优。

在孵化槽内孵化的幼体,经选优后,可按照初耳状幼体放养密度,换算成幼体数量,用虹吸方法将足量的幼体移入培育池内。在产卵箱内产卵,移入培育池内孵化,其孵化率通常在70%以上。经选优后,培育池健壮初耳幼体的密度,仍然可以保持在0.6个/毫升以上的水平。因此,幼体无须再移入或移出,可原池直接培养。

在蓄养池内产卵、孵化的幼体,经选优后需移池、分池培育,方法主要有虹吸、浓缩、拖网三种。无论采用何种方法,蓄养池内的幼体需预先计数,用搅耙上下轻轻搅动水体,使幼体在池内分布相对均匀,然后用直径2厘米的塑料管,在池的不同位置垂直取样5～8次,每次测定单位水体内幼体数量,然后求得平均值,即可获得蓄养池内健壮幼体的密度和数量。

(1) 虹吸法:就是依赖水位差的压力,用虹吸方法将需要量的幼体,由蓄养池内虹吸至培育池。虹吸前,培育池内应预先注入布满整个池底的过滤海水,以免幼体移入培育池内与池底摩擦受伤。另外,在整个虹吸过程中,应不断轻轻搅动水体,使幼体分布一直处于均匀状态,这样移入的幼体数量较准确。例如蓄养池内初耳幼体的密度为5个/毫升,蓄养池水体总量10米^3,幼体总量5 000万个,培育池的容积10米^3,初耳培育密度0.5个/毫升,需要初耳幼体500万个,那末从蓄养池内虹吸1米^{3}水体移至培育池内即可。然后,将培育池注满新鲜过滤海水,初耳幼体培育密度即为0.5个/毫升。

(2) 浓缩法:就是将所需的蓄养池内含有一定数量幼体的水体,用虹吸方法通过网箱使水外溢,此时幼体滞留浓缩于网箱内。网箱形状和大小(见图1—7),可根据当地的条件灵活掌握,但做网箱所用筛绢网目的大小应适宜,必须注意网目对角线长度,应小于幼体的宽度,以免幼体外漏,一般可选用200目筛绢或者NX79号、NX103号筛绢,网箱需要放在塑料

(玻璃钢)水槽内,网箱上沿要高于水槽的上沿。具体操作过程中,要不断地搅动蓄养池水,使幼体分布均匀。同时,幼体池水面与浓缩网箱水面高度差不应过大,虹吸水流应缓慢,水流过急幼体贴附网箱壁的压力增强,容易出现由机械损伤造成的幼体大量死亡。另外,还应随时用玻璃烧杯取样,观察网箱内幼体的密度,及时将幼体从网箱内舀出移入培育池。

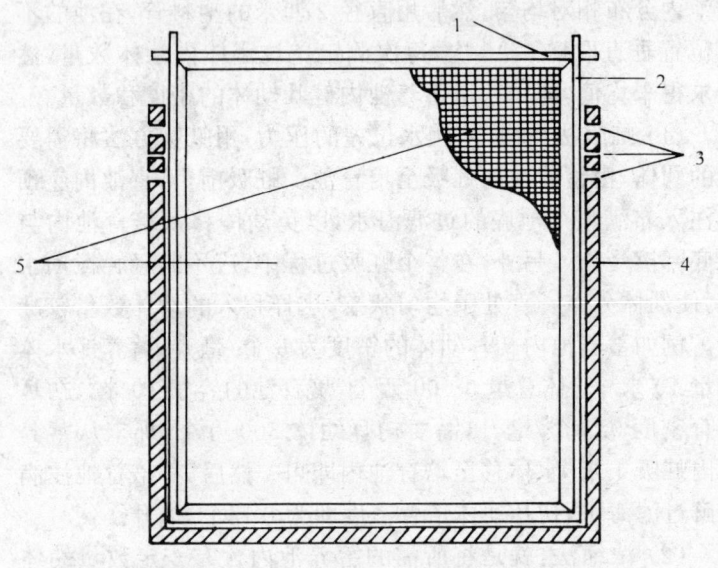

图1-7 浓缩幼体用网箱示意图
1.网箱系绳 2.塑料管架 3.溢水孔
4.塑料水槽 5.筛绢网箱

(3)拖网法:一般采用特制的长与蓄养池宽度相当,宽与高均为40厘米左右的拖网或推网,网衣为NX79或NX103

或200目筛绢。具体操作时,用网在池水上表层拖或者推。拖或推动作要缓慢轻悠,使幼体密聚于网中,将网口轻轻提起,稍离水面,然后将网内幼体带水移到预先准备好的水槽内,如此反复进行多次,当观察池内幼体基本上没有后,即可停止。密聚于水槽内的幼体,计数后即可按照预定的幼体培育密度和数量,分移到各培育池内。

2. 耳状幼体培育密度

耳状幼体培育密度,是指初耳幼体入池培育时的密度,即每毫升水体内所含初耳状幼体的个数。在静水的条件下,耳状幼体在水中的分布不均匀,多密聚于表、上层,长时间的密聚,造成局部微环境溶解氧、饵料条件的恶化,幼体容易出现畸形个体增加、发育迟缓的现象,也容易导致幼体胃萎缩,甚至糜烂的现象发生。另外,幼体过多密聚,容易互相粘连成团,下降池底而死亡,进而败坏水质。因此,初耳状幼体培育密度,必须严加控制。培育密度适宜,幼体生长、发育正常,变态率、成活率均较高。多年人工育苗实践及试验表明,初耳幼体培育密度,控制在1个/毫升以内为宜,最适密度0.5个/毫升,在适宜范围内,密度越小,幼体个体越大,发育越快,成活率、变态率越高。

幼体适宜的培育密度,随环境条件的不同也有差异,如前期育苗或者控温育苗,水质条件、饵料条件、天气状况较好,幼体培育密度可以相对增大,后期育苗水质条件下降,水中原生动物、敌害动物增多,气温高、雷雨天气、闷热天气增多,幼体密度应相对减少,最好控制在0.4个/毫升以下。另外,幼体培育密度与幼体饵料有直接关系,饵料质量好、数量足,幼体培育密度可增大,饵料质量差、数量不足,幼体密度相对减少。以盐藻、角毛藻、小硅藻混合投饵,幼体培育密度可增加,一般可维持在 0.7 个/毫升左右,以金藻、小球藻及人工代用饵料、人工配合饵料等为饵,幼体培育密度适当减少,一般应控制在 0.4 个/毫升以下。

3. 耳状幼体饵料

饵料是刺参幼体、稚参生长发育的物质基础,它不仅影响其生长速度,而且明显影响它们的成活率。因此,选择适宜的饵料品种、掌握合理的投喂量,是人工育苗成败的关键因素之一。对于耳状幼体来说,适宜的饵料品种,主要是浮游单胞藻类。在单胞藻饵料缺乏和不足的情况下,也可考虑其他代用饵料。

(1) 单胞藻饵料:初耳幼体消化道形成后,应立即投喂饵料。它的摄食方式,是靠围口纤毛的摆动,造成一定规律的水流,悬浮在水中的单胞藻和其他微小有机碎屑,随着水流通过口送入到消化道中。

国内外做为耳状幼体饵料的单胞藻种类较多,先后曾采用无色鞭毛虫(*Monas* sp)、海水小球藻(*Chlorella* spp)、微绿藻(*Nannaochloris* spp)、衣藻(*Chlamydomona* ssp)、扁藻(*Platymonas* sp)、盐藻(*Duhaliella* sp)、三角褐指藻(*Phaeodactylum tricornutum*)、小新月菱形藻(*Nitzschia closteeriecm*)、角毛藻(*Chatoceros* sp)、中肋骨条藻(*Skeletonema costatum*)、湛江叉鞭金藻(*Dierateria zhanjiangensis*)、单鞭金藻(*Chromulina sphaerica*)、绿光等鞭金藻(*Lsochrysis galbaha*)、罗氏裸甲藻(*Gymncdinnium lauslkaya*)等。

通过多年反复进行的小试验和大面积生产实践结果,可以验证上述单胞藻品种,按照其饵料效果,可划分为四个档次：首先，选用的品种主要有盐藻、角毛藻。盐藻个体小，无细胞壁，只有细胞膜，易于消化，适宜的繁殖水温20℃～25℃，与耳状幼体适宜的培育水温18℃～22℃相吻合。角毛藻，个体小，悬浮性强，细胞壁薄，幼体对其消化、吸收能力强，适宜的繁殖水温18℃～28℃，与耳状幼体培育水温处于同一范围。上述两种单胞藻饵料，耳状幼体摄取后的消化、吸收能力特别强，饵料进入胃后，在极短的时间内，甚至不足1分钟，就能被消化，已看不见完整的单胞藻体，多呈渣滓排出体外，而幼体生长、发育非常迅速，成活率、变态率均高。其次，选用的品种主要有三角褐指藻、小新月菱形藻、骨条藻等，这几种单胞藻，都具有个体小、活动力弱、宜高密度大面积培养、且利于幼体摄食，对其消化、吸收能力也较强，尽管经常可见尚未被消化的完整藻体排出体外，但仍然有相当数量的藻体被消化、吸收，胃液颜色正常，幼体发育、生长正常，成活率、变态率也可以达到较高水平。藻体繁殖生长最适水温14℃～18℃，恰好和育苗前期水温相吻合，因此处于本档次的品种，尤其是三角褐指藻和小新月菱形藻，是刺参前期育苗耳状幼体的重要饵料来源。处于第三档次的品种，主要是金藻类，如湛江叉鞭金藻、单鞭金藻、绿光等鞭金藻等。耳状幼体摄食这几种藻类后，消化力较弱，大多数呈完整藻类排出体外，胃液色淡，耳状幼体尽管前期生长、发育尚可，但从中耳后期，或者大耳幼体期继续单独投喂时，幼体胃容易出现萎缩、糜烂的现象。造成这一现象的原因，是藻类本身营养，还是幼体对藻体缺乏消化吸收能力，或者其他什么原因，目前尚不清楚。因而，明显地制约了金藻类作为刺参幼体饵料的价值。最后一个档次的品种是扁藻、小球藻、微绿藻等。扁藻藻体较大，趋光性强，活动能力强,幼体不易捕食,同时扁藻的细胞壁厚,幼体摄食后也不易消化。在显微镜下,经常可以观察到,扁藻在幼体胃内未被消化经肠排出体外后,立即在水中活泼地游动。幼体摄食扁藻,发育生长迟缓,畸形个体多,容易出现胃萎缩、糜烂的现象,成活率、变态率都极差(见表1-7)。小球藻、微绿藻尽管个体小,但饵料效果与扁藻相似。

表1-7 不同饵料培育幼体试验结果

日期	幼体发育和生活情况	
	盐藻组	扁藻组
7月26日	初耳幼体	初耳幼体
7月27日	中耳幼体	中耳幼体
7月28日	大耳幼体(540微米)	大耳幼体(492微米)
7月29日	大耳幼体(612微米)	大耳幼体(528微米)
7月30日	大耳幼体(816微米)樽形幼体	大耳幼体樽形幼体
8月2日	樽形及五触手幼体、稚参	大耳及樽形幼体
8月4日	稚参	大耳及樽形幼体
8月6日	稚参	樽形、稚参
8月22日	稚参498头(1~3毫米)	稚参2头

(依黄海所海参组)

每种单胞藻所含的营养成分往往有缺欠,种间差异明显,单一长期投喂幼体,会由于营养缺陷,影响其成长发育。如1978年、1979年,黄海水产研究所进行的饵料试验的结果表明,单一投喂牟氏角毛藻,平均出苗率28.1%;单一投喂三角褐指藻,平均出苗率为19.9%,而牟氏角毛藻和三角褐指藻混合投喂其出苗率达到37.2%。辽宁省海洋水产研究所1980

年试验结果,单投喂盐藻变态率58.2%,单投喂角毛藻变态率31.7%,两种单胞藻混合投喂,变态率高达70.7%。因此,为了避免由于单胞藻饵料营养成分的缺陷所导致的成活率、出苗率下降,最好二三种单胞藻饵料混合投喂。

综合上述,耳状幼体最适单胞藻饵料为盐藻、角毛藻,可以单独投喂,也可以以其为主与其他品种搭配混合投喂;三角褐指藻、小新月菱形藻、骨条藻等,也不失为耳状幼体的适宜饵料,可以单独投喂,或者与其他品种搭配混合投喂;湛江叉鞭金藻、单鞭金藻、等鞭金藻等品种,不宜长期单独投喂,尤其是不适中耳以后幼体的单独投喂,但是与盐藻、角毛藻、三角褐指藻、小新月菱形藻等品种适当搭配混合投喂,仍有较高的利用价值。扁藻、小球藻、微绿藻等品种,在耳状幼体培育期间,尽量不利用,在迫不得已的情况下,只能偶尔利用,或者作为微量搭配品种加以利用。

(2) 代用饵料:耳状幼体培育期间的幼体饵料,主要是单胞藻类,在目前的条件下,大面积培养这些藻类,常受气候变化、水质变化或敌害生物、原生动物的不良影响,从而致使藻类无法正常繁殖,藻液容易污染,难以正常供应幼体所需的饵料,严重时直接影响育苗工作的顺利进行。为了满足人工育苗的需要,在单胞藻饵料短缺的情况下,使人工育苗能够进行下去,多途径开发代用饵料是必要的。

目前,已开发的代用饵料主要有海洋红酵母(*Rnodotorala* sp),面包鲜酵母,大叶藻(*Zostera marina*)粉碎滤液等。海洋酵母(红酵母11)个体小,一般3～6微米,悬浮性及浮游性强,分布均匀,不易下沉。投喂24小时后,尚能保持淡乳白色,有利于幼体摄食。幼体摄食后,酵母细胞在胃内分布均匀,且随着胃液的流动而不停地旋转,在胃与肠交界处,酵母细胞已结成团,胞体轮廓不清,消化正常,成活率可达5.55%(见表1-8)。

表1-8 海洋酵母不同种类的饵料效果

饵料种类	初耳数(头/14 000毫升)	大耳数		稚参数(头)	
		个/100毫升	成活率(%)	头/14 000毫升	成活率(%)
红酵母11	14,000	19	19	777	5.55
德氏酵母112a	14,000	14	14	261	1.86
汉氏酵母125	14,000	15	15	28	0.20
假丝酵母216	14,000	16	16	57	0.41
球拟酵母304	14,000	14	14	38	0.27
球拟酵母409	14,000	19	19	135	0.96
隐球酵母606	14,000	12	12	93	0.66
扁藻	14,000	9	9	26	0.18
褐指藻	14,000	20	20	713	5.09
二藻混合	14,000	29	29	405	2.89
空白对照	14,000	23	23	7	0.05

(依中科院海洋所微生物组)

面包酵母菌体大小为5~10微米,在通气状态下,能够长时间悬浮于培育水体中,耳状幼体易捕食,且能消化、吸收,正常发育。在水温22.4℃~27.8℃范围内,2天由受精卵发育至初耳幼体,体长500微米左右,4天发育至中耳,6天发育至大耳幼体,8天出现樽形、五触手动体,9天出现稚参。无论从生长发育或者是幼体的大小,都不逊于以单胞藻为饵的幼体,稚参出苗量,能够维持在1万个/米^{3}以上的水平(见表1-9)。在以面包酵母为饵的幼体培育池内,在投喂培育期间,培育水体内,容易繁生一种原生动物,该种原生动物大小仅数个微米,活动能力弱,易被耳状幼体捕食,有时可以发现幼体胃内,该种原生动物数量可多达10余个。同时,耳状幼体对其消化、吸收能力较强,对幼体成长、变态有促进作用。日本学者池田善平(1992)也报道过,在以奶粉为饵的耳状幼体培育池内,容易繁生某些原生动物(主要是鞭毛虫类)数量有时高达4 400个/毫升,凡是繁生该种原生动物多的培育池,耳状幼体能顺利变态,而无原生动物或者很小的培育池,耳状幼体甚至不变态。因此,池田也认为,为培育水中繁生的原生动物,可能也是耳状幼体的饵料被利用。

大叶藻粉碎滤液,主要成分为大叶藻的有机碎屑、发酵后由细菌和真菌分解释放的可溶性和胶性物质,以及细菌、真菌本身,将是幼体易于摄取、消化、吸收的饵料。幼体以大叶藻粉碎发酵液为饵,发育迅速,从受精卵到稚参经历10天左右的时间,单位水体稚参出苗量可达2万头/米^{3}左右。

4. 日常管理

(1) 换水:幼体在培育过程中,经常向水中排泄代谢产物,并消耗水中的溶解氧。死亡的幼体和饵料,也会逐渐腐败、分解、释放有害物质,如硫化氢、氨等。由于温度升高,培育水中还能孳生大量的细菌。另外,随着饵料投喂,也势必带进营养盐及饵料代谢产生的有毒物质。这些因素,很容易导致水质恶化,影响幼体的正常发育、生长变态及成活,严重时可造成育苗失败。

换水,是保持培育水质清新,满足幼体对水质要求的重要一环。目前,各单位换水方法不统一:有的静水培育,初耳幼体刚选育时,培育池仅注入1/2左右的水,选育后2~3天内,由于水质尚比较新鲜,幼体小、投饵量少,藻液累积不多,采用只添水、不换水,每天添10~15厘米的水,2~3天后待培育池注满水后再开始换水;有的单位初耳幼体选育后,立即注满水,投饵后即进行换水;也有的单位采用流水培育法,也就是说,从初耳幼体选育后,即开始从培育池一端注水,从另一端向外排水,只是在投饵后适当停止流水外,培育池水一直处于流动状态。无论哪种方法,在培育池池水更新过程中,都应避免幼体的流失。目前,通常的做法是,通过筛绢网箱进行换水。网箱的形状,一般制作成方形或者圆形,规格要适中。过大搬动、操作不便;过小换水时对幼体易造成损伤。培育池容积 10～20 米^3,其采用的换水网箱规格以 45 厘米×45 厘米×100 厘米为宜。在制作网箱的同时,还要做固定支撑网箱的框架,框架以硬质塑料管或者用钢筋焊接而成,框架规格要略大于网箱规格,一般可大于网箱 5～10 厘米为宜。

筛绢网箱的形状和规格,可以因地制宜,但是选择做网箱所用筛绢的型号、规格必须特别注意。国产筛绢,按编织法可分为 GG 型、XX 型、SP 型(见图 1-8)。其型号和规格见表 1-10、表 1-11、表 1-12。换水网箱选用筛绢的网目对角线,必须小于幼体的体宽,一般可选用 NX79、NX103 以及 200 目等。

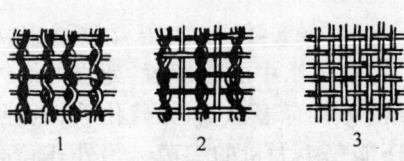

图 1-8 各种型号筛绢编制放大图
1. GG 型全交织 2. XX 型半交织 3. SP 型平纹

市场上对筛绢规格的称谓,多沿用过去习惯叫法,即称之为多少目,这是按英制规格的称谓,即每英寸有多少目,一英寸相当于 2.5 厘米,如 100 目即每厘米 39.4 目,200 目为每厘米 78.7 目,相当于 NX79,260 目相当于 NX103。

表1-9 以食用鲜酵母为饵的幼体发育（水温在22.4～23.8℃）

项目	受精卵	初耳幼体			中耳幼体			大耳幼体			樽形幼体		五触手	稚参	
池号	日期(月.日)	日期	密度(个/ml)	体长(μm)	日期	密度(个/ml)	体长(μm)	日期	密度(个/ml)	体长(μm)	日期	体长(μm)	日期	密度(头/cm²)	数量(万)
南6 容积(50m³)	7.12	7.14	0.66	500左右	7.16	0.14	650	7.18	0.12	700	7.20	360	7.21	7.22 0.16	43.5
南8 容积50m³	7.12	7.14	0.66	500左右	7.16	0.32	—	7.18	0.24	—	7.20	—	7.21	7.22 0.72	142.5
南10 容积50m³	7.12	7.14	0.66	500左右	7.16	0.24	700	7.18	0.42	800	7.20	400	7.21	7.22 0.27	53.4

43

表 1-10　国际标准筛绢规格表(XX)

号数	孔数/英寸	孔数/cm	孔径(μm)
0000	18	7.3	1346
000	23	9.4	1024
00	29	11.8	754
0	38	15.5	569
1	43	19.6	417
2	54	22.0	366
3	58	23.7	333
4	62	25.3	318
5	66	26.9	282
6	74	30.2	239
7	82	33.5	224
8	86	35.1	203
9	97	39.6	168
10	100	40.8	158
11	116	47.3	145
12	125	51.0	119
13	129	52.7	112
14	139	56.7	99
15	150	61.2	94
16	157	64.1	86
17	163	66.5	81
18	166	67.3	79
19	169	69.0	77
20	173	70.6	76
21	178	72.7	69
25	200	81.6	64

表1-11 国产蚕丝筛绢规格

型号	孔数/cm	孔径(μm)	有效过滤面积(%)	型号	孔数/cm	孔径(μm)	有效过滤面积(%)
18	6.9	1144	60.8	XX6	29.1	211	37.3
20	7.5	1053	60.6	7	32.3	193	38.5
22	8.2	935	58.1	8	33.9	181	37.9
24	9.1	846	57.3	9	38.2	156	34.8
26	9.8	784	58.1	10	42.9	137	35.3
28	10.6	708	56.1	11	45.7	124	31.3
30	11.4	661	55.5	12	49.3	108	29.3
32	12.2	640	54.2	13	50.8	110	30.8
34	13.0	575	54.3	14	54.7	99	29.7
36	13.8	535	53.1	15	59.1	89	26.5
38	14.6	500	51.7	16	61.8	85	27.7
40	15.4	469	50.5	SP38	40.1	132	22.4
42	15.9	454	51.4	40	42.1	126	28.6
44	16.7	424	50.3	42	44.1	121	26.9
46	17.5	408	49.7	45	47.6	109	29.6
48	18.3	386	48.3	50	52.8	98	30.6
50	19.0	372	48.9	56	59.1	85	25.2
52	19.8	350	47.2	58	61.8	78	23.5
54	20.7	335	47.0				
56	21.6	319	46.1				
58	22.2	308	45.5				
60	22.8	296	44.3				
62	23.6	287	44.7				
64	24.4	276	44.6				
66	25.2	268	44.3				
68	26.0	257	43.5				
70	26.8	247	43.6				
72	28.4	228	40.8				

表 1-12 国产尼龙筛绢规格

型号	孔数/cm	孔径 (μm)	有效过滤面积(%)	型号	孔数/cm	孔径 (μm)	有效过滤面积(%)
GG55	19.0	345	43.5	NX34	34	177	
52	19.8	325	41.8	58	58	102	
54	20.7	309	40.6	61	61	95	
56	21.6	291	39.0	64	64	93	
58	22.2	286	40.5	73	73	79	33.2
60	22.8	280	39.4	79	79	76	38.7
62	23.6	265	39.2	95	95	63	36.0
64	24.4	262	37.7	103	103	55	32.2
66	25.2	252	43.4	NXX40	40	128	
68	26.0	250	42.2	43	43	112	
70	26.8	238	40.8	46	46	104	
72	28.4	217	38.0	49	49	98	
SP38	40	133	28.5	52	52	81	
40	42	127	26.1	64	64	73	
42	44	121	33.3	70	70	61	
45	48	114	29.5	76	76	53	
50	53	94	24.5	N12	12	539	
56	59	85	25.3	16	16	367	
58	62	78	23.2				
NG7	7	982					
13	13	542					
19	19	340					
26	26	242					

换水时,将网箱置于培育池内,网箱上口沿应高于培育池水表面3~5厘米。将直径3~5厘米的橡胶或聚乙烯软管,插入网箱内用虹吸方法将培育池水经网箱排出池外。由于幼体

的浮游能力弱,很容易随虹吸水流贴附于网箱筛绢壁上,吸力越大,水流也越急,幼体贴附现象越严重,幼体贴附于筛绢壁上,往往因挤压造成的机构损伤而死亡。因此,在换水期间,必须有专人负责轻轻搅动网箱内外的水体,减少网箱周围幼体的密度。同时,必须注意胶管排水口距培育池水表面的水位差应适当,不能过高,过高虹吸力强、水流急,幼体易因附壁而伤亡。另外,注意胶管进水口一端,尽量安放在网箱的中央,最好能固定在中央,不要使其靠近筛绢壁。流水培育水交换原理,基本同上。但池外需要设置一个控制溢水位的容器(见图1-9),或者在培育池壁上增设一个控制水位的摇臂。换水量培育前期,每日2次,每次为培育水体的1/3。培育后期,每日2～3次,每次为培育水体的1/2。在具体培育过程中,视水质状况,可适当增减。流水培育法,由于流水时间长,流速缓,幼体贴附筛绢壁上的情况不严重,能避免对幼体造成的伤亡,前期流水量,可控制在1个量程左右,后期可增至1.5～2个量程。

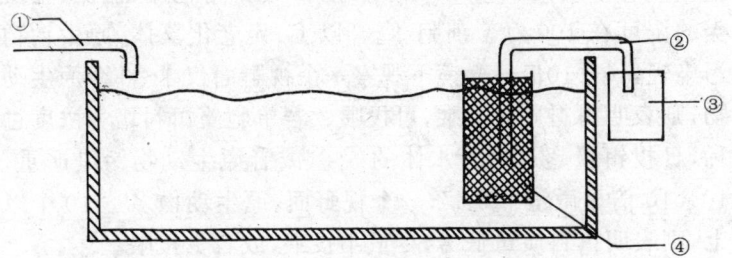

图1-9 流水培育示意图
1. 注水管 2. 换水管 3. 溢水槽 4. 筛绢网箱

(2)投饵:不同发育时期的耳状幼体,对饵料的需求量不同,初耳、中耳、大耳,随着个体的成长、发育,摄食量逐渐增加,投饵量也应相应增加。同一时间的幼体摄食不同品种的饵料,其对饵料的数量要求也不同。投饵量多少,对幼体发育、成长及变态成活,有明显的影响(见表1—13)。因此,必须掌握好幼体饵料的投喂量。投喂单胞藻饵料,按培育水体计算,初耳幼体每日投饵2~3次,日投饵量2万细胞/毫升,中耳幼体每日投饵3~4次,日投饵量2.5~3万细胞/毫升,大耳幼体每日投饵4次,日投饵量4~5万细胞/毫升。投饵量的掌握,还应根据当天检查幼体胃含物的具体情况适当增减。一般来说,投饵前取样观察,幼体胃内饵料较多,胃液色浓、胃形饱满,同时显微镜下观察(10×10)培育水体内单胞藻饵料量,一个视野面有1~3个细胞,表明投饵量适宜,可维持原量。若发现幼体胃内饵料量减少,胃液色淡或者显微镜下观察,难以发现培育水中的单胞藻细胞,则表示饵料缺乏,需适当增饵。投喂单胞藻,必须充分注意的其他问题是饵料质量,包括饵料培养浓度和原生动物污染程度。一般来说,三角褐指藻、小新月菱形藻的浓度,在200万细胞/毫升以上,角毛藻、盐藻、金藻类的浓度在100万个细胞/毫升以上,无老化藻体,原生动物污染轻,10×10倍显微镜下观察一个视野面仅1~3个原生动物,则表明饵料质量上乘,可投喂。若单胞藻饵料培养浓度过稀,日投饵量超过培育水体的5%,或者原生动物污染严重,10×10倍显微镜下观察,一个视野面、原生动物多达10个以上,则表明饵料质量低劣,尽量不投喂,或者少投喂。

代用饵料投喂量:海洋酵母日投饵量为2×10^5个细胞,面包鲜酵母日投饵量为10×10^{-6}~15×10^{-6}(10~15ppm);投喂大叶藻粉碎发酵液,需预先制备,方法是取3 000克左右的鲜大叶藻粉碎后,置于容积15万毫升注满过滤海水的水槽内,自然发酵10天即可投喂。投饵时,将发酵液充分搅拌后经SP56筛绢过滤,日投饵量每立方水体投喂2 000毫升的滤液。

表1-13 不同投饵量培育幼体的试验结果

缸号	培育水体(L)	投饵量(个细胞/ml)	幼体密度(个/ml)	稚参数(头)	成活率(%)	平均成活率(%)	出苗量(头/L)	平均出苗量(头/L)
1	10	5000	1.3	591	4.55	2.4	59.1	31.5
2	10	5000	1.3	32	0.25		3.2	
3	10	3000	1.3	137	1.54	1.0	13.7	9.9
4	10	3000	1.3	60	0.46		6.0	
5	10	1000	1.3	55	0.42	0.23	5.5	3.0
6	10	1000	1.3	5	0.04		0.5	

(依黄海所海参组)

(3)通气和搅池:通常在自然的静水情况下,耳状幼体多分布于培育池的上表层,充分利用的水体,仅是距水表面10~20厘米的范围,尤其是雷雨闷热天气,幼体分布更为集中,幼体长时间大量密聚,容易造成微环境水质、饵料的恶化,导致幼体发育不良,甚至发生胃糜烂死亡。因此,在幼体培育期间,需要采取措施,改善幼体在培育池内的分布,一般可采用的方法是搅池和通气。

搅池,每小时一次。用搅耙在池的上、中层轻轻搅动水体,使幼体分布趋向均匀。通气、滤气石的数量,按培育池池底面积3~5米^{2}一个的比例配备,微通气。可以连续通气,也可以每2小时通气30分钟断续通气。通气时,必须注意通气量要适宜,通气量过大,容易将池底沉积的污物泛起,对水质造成不良影响。同时,幼体也容易吞食气泡,发生气泡病,造成幼体的死亡。

(4) 清池和倒池:幼体新陈代谢产生的排泄物、老化沉底饵料、幼体死亡残骸、畸形幼体,以及培育池水中其他沉积物和繁生的原生动物底栖动物等,长时间累积容易败坏水质,孳生细菌,需要及时清除。清除方法,通常采用虹吸法,用吸底器将池底清吸干净。吸底器的结构见图1-10。池底污物由吸缝吸进吸底器,然后通过软胶管虹吸到池外。一般2~3天清吸池底一次。清吸时,若吸出的水内正常幼体极少,则直接排掉,如若清吸出的水内尚存一定数量的健康幼体,则吸出的水应通过筛绢网箱,将幼体浓缩于网箱内。清吸完毕后,将网箱内含有幼体的上清液移到水槽(箱)内,再次澄清,健壮幼体上浮于水的上表层,即可将上表层的幼体返回培育池,其他的排掉。

倒池,往往容易对幼体造成大的伤害,影响成活率,一般不采用,当幼体突然因水质恶化发育不良,必须较彻底地更新水质时采用。倒池方法,如同初耳幼体选优时的浓缩法,将原池的幼体浓缩于网箱内,再移到新的培育池内继续培育。

(5) 病害的防治:在幼体培育期间,只要管理得当,幼体病害比较少。但是,在高温季节,自然海水水质本身有恶化,同时水蚤类也处于繁殖盛期,培育池内容易繁生水蚤,水蚤与幼体争饵料,争生活空间,消耗水中的溶解氧,应及时杀灭,一般可用2×10^{-6}~3×10^{-6}(2~3ppm)的敌百虫,效果显著。在特殊情况下,培育池内能够孳生大量细菌,某些致病菌种对幼体有一定的危害,可能引起幼体胃萎缩、糜烂。在这种情况下,施抗菌素药物有一定的疗效,通常采用3×10^{-6}~5×10^{-6}(3~5ppm)青霉素、链霉素、土霉素等。

5.培育水体的主要环境因子

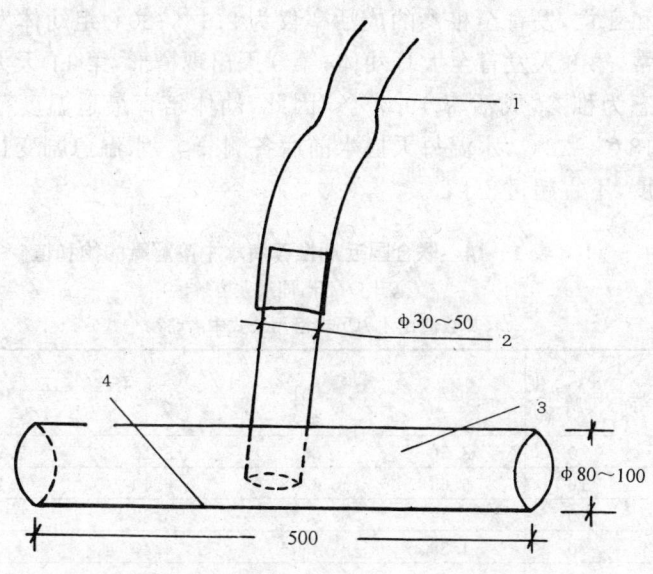

图 1—10 吸底器
1. 软胶管 2. 塑料管(φ30毫米～50毫米) 3. 塑料管(φ80毫米～100毫米) 4. 吸缝(宽5毫米～10毫米)

（1）水温：温度,对幼体的正常发育起着重要的作用。温度低,发育缓慢,畸形多,成活率降低；温度过高,也会引起幼体畸形发育,而且水中细菌及其他有害生物繁生,对幼体有明显的损害,明显降低幼体成活率。试验表明,15℃组幼体畸形多,器官发育迟缓,11天发育至大耳幼体,15～17天发育至樽形幼体,19～22天才见稚参,成活率仅为5%；30℃组:经过2～3天,幼体发育至中耳幼体后,摄食不正常,胃溃烂,发育至第5天全部下沉,逐渐死亡；25℃组:幼体第5天发育至大耳幼体,但大耳后期幼体向樽形幼体变态过程中,出现大量畸形和死亡,发育至稚参的成活率仅为 2.1%;20℃组幼体发育正常,第 8 天发育至大耳幼体,第 9 天出现樽形,第 11 天大量变态为稚参,成活率 19.7%。因此,幼体培育最适温度范围为 18℃~22℃,水温每天换水前后各测一次,水温急剧变化的幅度,不宜超过±1℃。

表 1-14 联合国近期推荐海水中溶解氧的饱和值

(毫升 O_2/升,即最大溶解量)

(其数值比注中历史沿用公式中者略少一些)

温度(℃) \ 盐度溶解氧	27	31	33	36
0	8.50	8.27	8.16	7.99
10	6.65	6.48	6.40	6.28
20	5.42	5.29	5.23	5.14
30	4.55	4.45	4.40	4.33
35	4.21	4.12	4.07	4.01

注:当压力等于 760 毫米水银柱,从自由干空气溶解到 1 升海水中 O_2 的溶解度(mlO_2/L)的公式为:$O_2(mlO_2/L) = 10.291 - 0.280\ 9t + 0.006\ 009t^2 - 0.000\ 063\ 2t^3 - cl(0.116\ 1 - 0.003\ 922t + 0.000\ 063t^2)$。

(2)溶解氧:不同温度、不同盐度溶解氧含量,见表 1-14。在正常情况下,抽上来的海水,溶解氧一般都接近饱和值。温度越高,溶解氧越低,溶解氧的含量用二种计量单位表示,即毫升/升和毫克/升。其换算关系如下:1 毫克/升=0.7 毫升/升,或者 1 毫升/升=1.43 毫克/升。

耳状幼体单位时间耗氧量极低,6 小时内,每千个耳状幼体,每小时耗氧量为 0.246 毫升/(小时·千个),12~24 小时耳状幼体耗氧量略有下降的趋势,耗氧变动范围 0.013~0.027 毫升/(小时·千个)。36 小时明显下降 0.012 毫升/(小时·千个),在培育水体中氧含量在 4.22 毫升/升以上时,耳状幼体正常,溶解氧降至 2.2～3.0 毫升/升时,有 50%左右耳状幼体存活,溶解氧在 3.5 毫升/升时,为安全量。以单胞藻为饵培育幼体时,通常不会出现溶解氧过低、严重影响幼体发育的现象。但是,在雷雨、闷热天气,气压低,溶解氧下降,以及利用代用饵料投喂幼体时,有可能因溶解氧过低(2～3 毫升/升)导致幼体死亡的现象,因此处在这种条件下,应注意监测溶解氧的变化,及时更新培育池水。

(3)盐度:培育水温在 18℃～22℃范围内时,幼体在盐度为 6.5～12.9 水中培育 1～2 天全部死亡,幼体在 19.7 盐度水中培育至第 4 天后停止发育,盐度在 26.2～32.7 范围内幼体发育正常,而在 39.3 高盐度水中,幼体发育迟缓,个体也小。因此,盐度 12.9 是幼体死亡的临界值。幼体发育适宜盐度范围为 26.2～32.7,在适盐范围内,盐度越高,发育越快,盐度越低,发育越慢。

在大面积育苗生产过程中,习惯采用比重计测得海水比重,以比重的指标代替盐度指标,幼体适宜的海水,比重范围大致为 1.020～1.024,通过比重的测定换算盐度值,此法方便、快捷。比重换算盐度可按下列公式计算:

当测定时的水温(t)大于 17.5℃时
$$盐度=1305(比重-1)+(t-17.5)\times 0.3$$
当测定时的水温(t)小于 17.5℃时
$$盐度=1305(比重-1)-(17.5-t)\times 0.2$$

(4)光强度:光线的强弱,对幼体发育、生长有较大影响。在完全黑暗的条件下(暗室),幼体发育迟缓,畸形多,绝大多数中途夭折;光强超过 2 000Lx,幼体呈现背光性;在 2 000Lx

以下时,幼体则表现出趋光性;适宜的光强度在500～1 500Lx之间,培育室内光线应均匀、柔和,应避免直射光。

(5) pH值:根据试验,刺参幼体对pH值的适应范围比较广,当pH值下降至6.0以下时,或者上升至9.0以上时,幼体活力减弱,生长停止,有死亡危险。在正常情况下,培育海水的pH值一般呈碱性在7.5～8.6之间,但在特殊情况下,如长时间以超过培育水5%的单胞藻饵料液投饵时,或者新建培育池未处理好,都能明显改变培育水的pH值,因此平时也应注意监测pH值。

表1-15 NH_3在氨氮(NH_4-N)中百分含量随水温、pH值的变化

pH值	水温(℃) 15	水温(℃) 20
7.0	0.4	0.5
7.5	1.3	1.5
7.6	1.6	1.9
7.7	2.1	2.4
7.8	2.6	3.0
7.9	3.3	3.8
8.0	4.1	4.7
8.1	5.2	6.0
8.2	6.5	7.3
8.3	8.0	9.1
8.4	9.9	11.2
8.5	12.3	13.7
8.8	22.1	24.2

(6) 氨态氮:氨为有机质,是在氧气不足条件下分解产生的,或由含氮化合物在反硝化细菌作用下,还原而生成的。当

水中氨积累过多,会危及生物的生命,如水中氨含量超过7毫升/升时,对大多数生物有致命毒害,氨在水温10℃～20℃,pH值7.0～8.8范围内,NH_3在NH_4-N中含量百分数,随着温度与pH值的升高而增大(见表1-15)。

自然海水中氨氮含量一般比较低,培育池内氨氮的来源,主要是幼体的代谢产物、死亡饵料及水中有机物分解产物等。辽宁省海洋水产研究所在进行刺参人工育苗试验中,多年监测幼体培育池中海水氨氮含量为70～430毫克/米^{3}之间,在此范围内,幼体发育正常。据山东省海水养殖研究所试验认为,氨氮含量超过500毫克/米^{3}时,对幼体生长发育有不良影响。

(7)重金属:刺参幼体或稚参,对某些重金属,如铜、锌、汞、铅、镉等较敏感,特别是铜离子的毒害作用更明显。但是,在自然海水中,重金属的含量不高(见表1-16),对幼体没有明显毒害作用。但是,在特殊情况下,或者育苗场附近有对环境污染较重的工业造纸厂、电镀厂等,就应格外注意监测。当有毒金属离子含量超过指标:汞0.0005毫克/升,镉0.005毫克/升,铅0.05毫克/升,铜0.01毫克/升,锌0.1毫克/升时,应用EDTANa$_2$进行络合。施用EDTA Na$_2$的浓度应适宜,盲目地多投是不利的。据中国科学院海洋研究所计算,1×10^{-6}(1ppm)的EDTA Na$_2$,能相应络合掉以下浓度的重金属离子:Zn^{2+} 0.18×10^{-6}(0.18ppm),Cu^{2+} 0.17×10^{-6}(0.17ppm),Pb^{2+} 0.56×10^{-6}(0.56ppm),Ca^{2+} 0.30×10^{-6}(0.30ppm),Hg^{2+} 0.54×10^{-6}(0.54ppm),这是理论值。在具体施加过程中,可以扩大浓度0.5～1倍。

表1-16 海水主要元素的含量
(毫克/千克,盐度35)

元素	含量	元素	含量	元素	含量
硅(Si)	4	硫(S)	901	锌(Zn)	0.005
铝(Al)	0.5	氯(Cl)	19.353	铅(Pb)	0.004
铁(Fe)	0.02	锶(Sr)	1.3	钼(Mo)	0.0005
钙(Ca)	408	钡(Ba)	0.05	砷(As)	0.02
钠(Na)	10,769	氟(F)	1.4	溴(Br)	66
钾(K)	387	铬(Cr)	存在	硼(B)	4.7
镁(Mg)	1.279	铜(Cu)	0.01	铀(U)	0.0015
锰(Mn)	0.01	镍(Ni)	0.0001	汞(Hg)	0.00003
磷(P)	0.1	钒(V)	0.0003	碘(I)	0.05
碳(C)	28	锂(Li)	0.1	银(Ag)	0.0003

(8)混浊度:培育水体中悬浮粒子的混浊度,对幼体发育有明显影响。混浊度 200×10^{-6}(200ppm)组幼体,发育迟缓、成活率低;150×10^{-6}(150ppm)组幼体,正常发育受阻,成活率下降;混浊度 100×10^{-6}(100ppm)和 50×10^{-6}(50ppm)组,幼体发育、变态正常,成活率高(见表1-17)。

试验表明,幼体培育水的混浊度,不宜超过 150×10^{-6}(150ppm),在 $50\times10^{-6}\sim100\times10^{-6}$(50~100ppm)间适宜。

6.幼体发育

刺参需经历几个幼体发育期的变态之后,才能发育至稚参。每个时期幼体发育正常与否,对于变态至稚参的成活率有直接影响。因此,在11~13天幼体培育期间,必须及时、定时镜检,一般每天各培育池至少镜检一次,了解观察、掌握幼体活动、摄食、发育、生长、成活的情况,及时发现问题,解决问题。耳状幼体是刺参几个幼体期中最长的一个时期,一般至少需要经历7~8天时间,同时也是病害易发期,耳状幼体发育正常与否,对幼体变态至稚参的成活率,起着至关重要的作用。因此,掌握、了解耳状幼体的摄食、发育、成长,尤为重要。耳状幼体发育是否正常,可参考以下几个标准:

(1) 幼体体长增长:耳状幼体正常的体长范围,初耳幼体450~600微米,中耳幼体600~700微米,大耳幼体800~1000微米。耳状幼体体长日增长平均达50微米左右,即属正常;若增长明显低于50微米,则属不正常,应查找原因及时解决。

(2) 外部形态:耳状幼体左右对称,前后比例适宜。幼体臂随着发育,粗壮、突出、弯曲明显,否则畸形,畸形幼体多夭折。造成畸形的主要原因有三:其一,受精卵的质量不良;其二,培育水体理化因子超标;其三,管理操作不慎,尤其是换水时,幼体贴附于网箱壁上,重者死亡,轻者容易导致幼体畸形。

(3) 胃的形态:耳状幼体胃的外观呈梨状,丰满,胃壁薄而清晰,胃内有饵,胃液色深,饵料不断由食道输入胃内。若胃壁增厚、粗糙、胃形狭窄,胃肠萎缩,不清晰,则属不正常,应立即查找原因及时解决,否则胃将迅速恶化,甚至在几小时内发生糜烂。

(4) 水体腔发育:中耳状幼体水体腔为拉长的囊状,随着幼体发育逐渐成半环形构造,大耳幼体水体腔出现2~3个凹凸,凹面向着食道,凸面向外侧。发育至大耳后期,出现指状五触手原基和辐射水管原基。水体腔发育迟缓,或者不发育,属不正常。

樽形幼体和五触手幼体,持续时间不长,一般1~2天,樽形幼体期,不摄食,只要耳状幼体发育变态正常,樽形幼体和五触手幼体,多数也能正常变态发育。

(五)稚参培育

幼体发育至大耳后期,水体腔出现五触手原基,体两侧出现5对球状体时,开始变态,幼体臂极度卷曲,身体急剧收缩至原体长的1/2左右,逐渐变态为樽形幼体,樽形幼体后的1~2天经五触手幼体发育至稚参,进入稚参培育期。稚参培育泛指从体长0.4毫米至体长1厘米的出库苗或者直至体长2~3厘米的放流苗期间的培育。

1. 附着基的种类和投放时机

稚参生活习性,由幼体时期的浮游生活,转变为附着性生活,附着基则是其重要的生存条件之一。选择附着基应具备以下条件:

(1)利于稚参的附着,便于观察、操作、管理;

(2)对稚参无毒性、不败坏、不污染水质;

(3)利于增加单位水体稚参的附着面积;

(4)来源广,成本低廉。

目前,使用的附着基主要有二种:一种是透明聚乙烯薄膜;另一种是透明聚乙烯波纹板。聚乙烯薄膜需要有框架支撑,一般框架可用直径6毫米的钢筋焊接而成,框架规格可视培育池的具体情况而定。但试验表明(见表1—18),框架不宜做得过大,框架过大,水交换条件差,影响稚参的附着、成活、成长。通常可焊接成100厘米×50厘米×80厘米长方形框架,薄膜的长和宽,应比框架的高和宽,相应减少3~5厘米,薄膜间距5~7厘米,以60°角的倾斜度斜绑于框架上。聚乙烯波纹板,可采用吊挂式和组合式。吊挂式是将40×30厘米的波纹板4角打孔穿绳固定,以间距15~20厘米吊挂成串,一串6～7片波纹板,组合式是将40×30厘米的波纹板,垂直插入倒梯形塑料框架上,每框可插10～20片(同鲍鱼育苗附苗器)。附着基使用前,应经过严格地消毒处理,新用附着基一般可用高锰酸钾浸泡,如若已使用多次的陈旧附着基,最好使用抗菌素,如青霉素、土霉素等,彻底消毒处理再使用。

附着基投放时机要适宜,过早,不利于幼体在水中的分布,影响幼体发育、变态;过晚,部分五触手及稚参已落底,影响附着基上稚参附着数量。一般应在小批量出现樽形幼体后,铺设聚乙烯薄膜假底,次日即可投放附着基。稚参附着时,有一定的选择性,试验表明(见表1-18),附着基上有底栖硅藻等稚参饵料,稚参附着数量明显增加,因此附着基投放前,有条件的可以预先在其上繁生底栖硅藻。

2. 稚参附着密度

稚参营附着性生活,以口周围的触手粘着附着基上的底栖硅藻和其他有机碎屑为饵,它需要一定的面积和空间来满足其活动和摄食要求。稚参附着密度过大,活动空间小,能够摄取的饵料数量不充分,难以保证稚参正常生长、发育的需要,稚参正常生活受阻,导致稚参死亡率的增加。稚参附着密度过低,不能充分利用已有的附着基空间,单位水体稚参数量减少,出苗量降低,直接影响育苗生产的经济效益。试验表明,稚参附着密度以 $0.2～0.5$ 头/厘米^2 为宜(见表1-19)。

3. 稚参饵料

目前,作为稚参饵料品种主要有三大类:底栖硅藻、鼠尾藻粉碎滤液、人工配合饵料。

表1-17 混浊度对幼体发育成长的影响

实验缸号	容积(ml)	幼体发育状况组别	数(个)	6月26日	6月28日	6月29日	6月30日	7月1日	7月2日	7月14日	成活率(%)
1	8000	①220×10⁻⁶	6400	初耳 592(μm)	中耳 696(μm)	中耳 760(μm)	出现大耳 798(μm)	大耳 815(μm)	个别樽形 大耳中期	稚参 17头	0.3
2	"	②220×10⁻⁶	6400	"	中耳	出现大耳 728	大耳 755	胃多数 753	稚参 萎缩	47头	0.7
3	"	①150×10⁻⁶	6400	"	中耳 711	中耳 749	出现大耳 797	大耳 800	10%大耳后期	稚参 761头	11.9
4	"	②150×10⁻⁶	6400	"		中耳 753	出现大耳 766	大耳 781	15%大耳后期	稚参 1350	21.1
5	"	①100×10⁻⁶	6400	"		中耳 725	10%大耳初期 766	大耳 815		10%樽形 30%大耳 后期	稚参 1539	24.0
6	"	②100×10⁻⁶	6400	"		10%大耳初期 762	797	781	5%樽形 35%大耳 后期	稚参 1816	28.3
7	"	①50×10⁻⁶	6400	"	中耳 730	15%大耳初期 731	大耳 773	大耳 787	10%樽形 35%大耳 后期	稚参 1816	29.1
8	"	②50×10⁻⁶	6400	"	中耳 749	752	大耳 783	大耳 812	10%樽形 35%大耳 后期	稚参 2694	42.1
9	"	空白₁	6400	"		30%大耳初期 776	70%大耳 胃萎缩 794	大耳 798	10%大耳 后期胃萎缩	稚参 29	0.5
10	"	空白₂	6400	"		30%大耳初期 784	80%大耳 胃萎缩 797	大耳 826	20%大耳 后期胃萎缩	稚参 30	0.5

(依黄海所海参组)

表 1-18 不同类型附着基的附苗效果和稚参成长

项目池号	日期	小架 规格(毫米)	小架 密度(头/厘米²)	大架 规格(毫米)	大架 密度(头/厘米²)	无底栖硅藻波纹板鲍框 日期	规格(毫米)	密度(头/厘米²)	有底栖硅藻波纹板鲍框 日期	规格(毫米)	密度(头/厘米²)
1	7.1 9.15 10.6	0.5~1 4~10 8~20	0.61 0.06 0.03	0.5~1 2~6 6~15	0.68 0.14 0.07						
8	7.18 9.15 10.6	0.5~1 4~10 8~20	0.30 0.05 0.03	0.5~1 2~6 6~15	0.11 0.09 0.07	7.18 9.15	0.5~1 4~10	0.24 0.06			
10	7.18 9.15 10.6	0.5~1 4~10 8~20	0.95 0.06 0.04	0.5~1 2~6 6~15	0.48 0.18 0.11				7.18 9.15	0.5~1 2~6	0.64 0.12

(依黄海所海参组)

表 1-19 稚参培育密度试验结果

缸号组别	I 体长(毫米)	I 成活率(%)	II 体长(毫米)	II 成活率(%)	III 体长(毫米)	III 成活率(%)	IV 体长(毫米)	IV 成活率(%)	平均体长(毫米)	平均成活率(%)
5头/厘米²	2.1	30.9	2.0	42.3	1.8	48.7	2.4	30.2	2.1	38.0
1头/厘米²	4.2	39.0	4.8	38.0	4.0	42.5	4.5	49.0	4.4	42.1
0.5头/厘米²	5.4	45.0	6.8	15.0	6.7	32.0	6.5	40.0	6.4	33.0
0.2头/厘米²	5.4	75.0	7.4	56.0	7.4	50.0	7.2	47.5	6.7	57.1

(依黄海所海参组)

(1)底栖硅藻:稚参对附着基有选择性,底栖硅藻利于稚参的附着,明显增加稚参的附着量,做为饵料底栖硅藻,也不失为稚参适宜的饵料品种。底栖硅藻品种繁多,品种间的饵料效果有明显的差异。试验表明,在诸多品种中,以舟形藻的饵料效果为好(见表1-20)。在舟形藻中,尤以小型的品种为好(见表1-21),饵料个体小、壳薄,稚参容易摄食和消化。柳桥曾指出,海参咽喉石灰环的直径约为体长的1/10,大于此规格的东西难以摄食。池田善平的试验结果也表明(见表1-22),体长0.6毫米(活体长0.9毫米)以下稚参,不能摄食20微米左右的硅藻,底栖硅藻大型种饵料效果不良,可能与稚参的不能摄食有关。

表1-20 不同底栖硅藻品种的饵料效果

水槽	种类（长×宽）	试验开始		试验结束			平均水温*
		个体数（个）	体重（毫克）	个体数（个）	成活率（%）	体重（毫克）	
1	Naviculasp (9.5×3.7)	200	0.8**	194	97.0	4.0	21.21
2		200	0.8	196	98.0	6.4	21.22
3		200	0.8	187	93.5	5.4	21.20
4	Bacillaria paxillifer (116.1×6.8)	200	0.8	190	95.0	0.9	21.31
5		200	0.8	183	91.5	1.1	21.29
6		200	0.8	188	94.0	0.8	21.30
7	无饵组	200	0.8	187	93.5	1.2	21.27
8		200	0.8	186	93.0	1.1	21.23
9		200	0.8	184	92.0	0.8	21.27

* 15时水温平均值　　** 活体长为2.1毫米　（依池田善平)

表1-21 饵料试验结果

水槽 NO.	开始时的饵料的种类 (长×宽)	开始试验 个体数（个）	稚参 体长（毫米）	试验结束 个体数（个）	生残率（%）	体长（毫米）	饵育期间（月.日）	水温* (℃)
1	Navicuia sp. A (6×3)	2 800	0.3	1,496	53.4	1.5	5.9～5.28	18.03
2	〃	〃	〃	1,388	49.6	1.4	〃	17.84
3	〃	〃	〃	1,304	46.6	1.3	〃	17.81
4	Navicuia sp. B (1×)	〃	〃	1.190	42.5	1.0	〃	17.84
5	〃	〃	〃	1,563	55.8	1.1	〃	17.80
6	〃	〃	〃	1,188	42.4	0.9	〃	17.80
7	Naviciua sp. C (36×7)	〃	〃	1,528	54.6	0.5	〃	17.76
8	〃	〃	〃	1,847	59.9	0.6	〃	17.75
9	〃	〃	〃	1,677	66.0	0.5	〃	17.81

* 在15时测定水温的平均值 （依池田善平）

表1-22 不同规格稚参摄食硅藻数量(个*)和大小**（宽×长 微米）

体长*** 毫米	1	2	3	4	5	6	7	8	9	10	大 最小	小 最大
0.45～0.50	0	0	0	0	0	0	0	0	0	0		
0.5～0.6	0	0	0	0	0	0	0	0	0	0		
0.7～0.8	0	0	0	0	0	0	0	2	5	13	21×24	23×47
0.9～1.0	0	0	0	0	1	1	3	5	6	10	16×21	26×29
1.1～1.2	0	0	0	1	2	4	4	22	42	84	13×23	29×45
1.7～1.8	0	0	0	0	0	0	0	26	160	769	13×18	26×189

（依池田善平）

* 群体也算一个计数　** Melosira spp 的大小　*** 10%福尔马林固定后的体长

底栖硅藻作为稚参的饵料,也存在一些技术方面的问题。首先,是饵料的补充供给。在苗种生产过程中,往往出现底栖硅藻的繁殖速度满足不了稚参的摄食要求,出现稚参饵料短缺的现象,存在底栖硅藻如何补充的问题。另外,稚参培育期间,底栖硅藻在附着基上的培育繁殖,受自然条件的影响大,即使是底栖硅藻纯种接种,但经历一段时间(一般一个月左右),附着基上的底栖硅藻品种也会混杂,而且往往接种时的优势种难以保持,其他大型种繁殖起来了,这就存在附着基上不良品种大量繁殖,导致稚参难以摄食,影响稚参的成活、成长。因此,在今后的育苗生产中,必须解决底栖硅藻补充供应和效果良好优势种的保持方法等问题。

(2) 鼠尾藻:试验表明,鼠尾藻粉碎滤液耗氧量低,对水质不良影响轻,稚参嗜食且成长、成活都较好,完全能够满足稚参、幼参对饵料质量和数量的要求。同时,以鼠尾藻粉碎滤液为饵,与以底栖硅藻为饵相比,可以省略相当数量的底栖硅藻培养设施,明显降低生产成本,是目前大面积生产主要采取的品种。投饵量随着稚参个体的成长而增加,稚参体长2毫米以内,鼠尾藻投喂量为25~50毫克/升,并适当添加单胞藻;稚参体长2~5毫米,日投喂量为50~100毫克/升;稚参体长5毫米以上,随着成长,日投喂量由100毫克/升逐渐增至200毫克/升。

(3) 人工配合饵料:针对稚参的人工配合饵料的研制,是近几年才开始,起步较晚,仍尚处于研制阶段,对于饵料配方、饵料形态以及饵料效果,尚须深入探讨。

目前,各地人工配合饵料具体配方不尽相同,但主要成分相似,以陆、海植物粉末为主,配以动物蛋白及其他成分。以海藻粉末为主加工研制的人工配合饵料,日投喂量可参考表1-23、表1-24所示。体长0.4毫米左右的落地稚参,日投饵量控制在体重的7%左右,体长2.4毫米(体重0.3毫克),以上稚参的日投喂量,控制在体重的10%左右为宜。

表1-23 体长329.5微米(估计体重0.014毫克)稚参人工配合饵料投喂量和饵料效率*

投饵量 (毫克/日)	0.2 (7.1%)**	0.4 (14.2%)	2.0 (71.4%)	4.0 (142.8%)	20.0 (714.3%)
饵料效率 (%)	131.5 133.5	71 68.8	18.8 16.4	9.0 11.0	2.6 2.8

(依池田善平)

* (结束时平均体重-开始时平均体重)×生活个体/总投饵量×100%
**:占试验参体重的比例。

表1-24 体长2.4毫米(体重0.30毫克)稚参人工配合饵料的投喂量和饵料效率

投饵量 (毫克/日)	3 (5%)	6 (10%)	30 (50%)	60 (100%)	300 (500%)
饵料效率 (%)	20.4 54.8	61.7 100.9	40.7 41.1	20.7 22.4	5.2 6.2

(依池田善平)

4. 稚参培育水环境

(1)水温:水温对稚参的正常发育和成长、成活有极大影响。当培育水温低于21℃时,稚参不活泼,摄食量少,10天左右陆续死亡,1个月后的成活率仅为4%;培育水温超过30℃时,前期生长尚可,经20天左右即出现大量死亡,1个月后的成活率21%;当水温在24℃~27℃时,稚参发育良好,活泼摄食,成活率可达50%左右;水温低于21℃高于30℃,稚参不仅成活率低,成长也差,落地稚参经1个月的培育,体长仅3毫米左右;而水温在24℃~27℃范围内,稚参成长快速、落地稚参经 1 个月的培育,平均体长可增至 5~6 毫米。试验表明,稚参生活的适宜温度范围是 24℃~27℃。

随着成长,刺参生活的适宜温度也逐渐下降。辽宁海洋水产研究所试验表明,体长 2 厘米的幼参,适温范围为 19℃~23℃,生长的最佳温度为 19℃。在该温度下,摄食率为 18%~35%。山东省长岛县水产局试验报导,体长 5~15 厘米的幼参,生长的适温范围是 10~15℃。

(2) 光强度:稚参对光强变化反应不灵敏,但是光线过强,或者过弱,甚至全黑暗,容易导致稚参死亡明显增加,甚至发生大批死亡的现象。为了便于附着基上底栖硅藻的繁殖,适当提高室内光强度是可行的,一般可控制在 2 000Lx 以内为宜。

(3) 盐度:对体长 0.4 毫米的稚参,水温 15℃,盐度 25 以上时,未见有死亡,在盐度 20 以下出现死亡个体;水温 20℃~25℃,盐度 20 以上时,无死亡个体出现;体长 5 毫米稚参,水温 15℃,盐度在 20,水温 20℃~25℃,盐度在 15 时,亦无死亡个体出现。盐度下限值,体长 0.4 毫米的稚参为 20~25 个,体长 5 毫米稚参为 10~15 个,幼参为 15~20 个;水温在 20℃ 以下时,水温越高,对低盐的抵抗力越强。

(4) pH 值:在正常情况下,培育海水的 pH 值一般在 7.9~8.4 之间,稚参对 pH 值的适应范围比较广泛。当 pH 值降至 6.0 以下,或者上升至 9.0 以上时,稚参则收缩呈球状,濒于死亡状态。当 pH 值及时调整恢复到正常范围后,稚参仍能恢复正常。

(5) 溶解氧:稚参培育水体中,溶解氧量应维持在 4~5 毫克/升范围内。当溶解氧降至 3.6 毫克/升以下时,稚参开始出现缺氧反应,身体萎缩,附着力减弱,容易从附着基上脱落,下沉池底,缩成球状或腹面朝上、伸长,呈僵直状态。在缺氧状态下,溶解氧降至 3.0 毫克/升,也容易导致稚参死亡。当溶解氧降至 1.0 毫克/升(水温 26℃～29℃)时,出现大量死亡,是稚参的致死溶氧量。

稚参培育期间,正值一年中的高温季节,海水中原生动物大量繁生耗氧,水温高,氧饱和含量降低,尤其是投喂鼠尾藻粉碎滤液及人工配合饵料,也容易分解耗氧,这就容易导致培育水溶解氧的明显下降。因此,稚参培育期间,必须密切注意培育水的交换。

5. 日常管理

目前,在刺参人工育苗生产过程中,稚参的培育方式主要有二种:其一,为终一培育法;其二,为分段培育法。二种方法都是采用流水培育。

(1) 终一培育法:该种方法是稚参培育一直在原幼体培育池或者与原幼体培育池结构相同的同一池内进行。当幼体全部变态发育至稚参后,一般是投放附着基后的 10～15 天,需要倒池一次,倒池后附着基吊挂于 20～40 目的网箱内(见图 1-11)。同时,将原池底聚乙烯薄膜上附着的稚参,移到吊挂的附着基上,进行流水培育。日流水量随着培育时间的延续,稚参个体的成长,投饵量的增加而逐渐增多。一般前期日流水量控制在 1～2 个量程,后期日流水量增至 3～4 个量程为宜。在通常情况下,通气也可不进行,当水质条件有恶化,水交换量达不到指标时,则应适当通气。通气时,掌握通气量不应过大,一般可控制在每小时每立方水体通气量为 30～40 升。

投饵一天 2 次,以鼠尾藻粉碎滤液和以人工配合饵料为

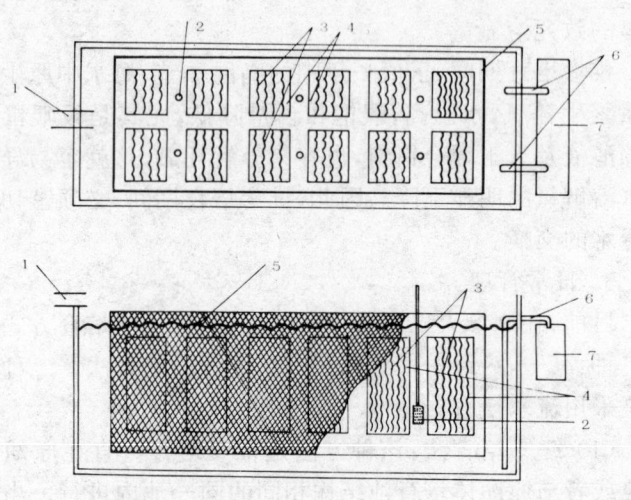

图1-11 终一培育池结构示意图
1. 进水管 2. 气室 3. 喷淋式波纹板 4. 附着基
5. 网箱(20~40目) 6. 溢水槽 7. 排水管

主,投喂前应充分浸泡。投喂时,人工配合饵料和鼠尾藻粉碎滤液要搅拌均匀,而且要均匀地泼洒于培育池内各个部位,切不可将大量饵料倾注入培育池的局部地区,以免发生培育水微环境的恶化,造成稚参死亡。最好一边投饵,一边用搅耙在培育池表面轻轻地搅动,尽量使饵料分布均匀。同时,每次投饵后应停止流水2~3小时,以免饵料随流水而流失。

残饵和粪便以及培育水中的其他污物,随着培育时间的延长而逐渐增多,它们的大量沉积容易败坏、恶化水质。为了保持培育水的水质,在稚参培育过程中,需数次倒池,一般20天左右倒池一次为宜。倒池时,更换网箱可将附着基原样移到新培育池内吊挂,也可以将附着基上的稚参剥下,过筛分类(大小),然后将不同大小规格的稚参,分别移到不同的附着基上,进行分类培育,分类培育可以明显提高稚参的成活率。

(2) 分段培育法：该种方法,是将稚参培育分成几个阶段,不同阶段采用不同的方式进行培育的方法。目前,多采用分二个阶段,即分前期培育和后期培育。

前期培育方式：培育池结构以及日常管理,同终一法的前期,当稚参成长至体长2~3毫米后,转入稚参的后期培育。后期培育可采用窄、长、矮形状的培育池为宜,一般为长×宽×高＝700厘米×100厘米×60厘米(同鲍鱼育苗池),或者200厘米×75厘米×40厘米(同鲍鱼苗种中间培育池)。培育池可以单层,为了充分利用培育室空间和节省能源,也可以建成多层(3~4)结构的水泥池。池内吊挂10~40目的网衣制成的网箱,将稚参分类,按不同规格分别移至网箱内进行流水培育,多层结构的培育池,水从最高层池内注入,自上而下,循环使用。培育池内吊挂网箱大小,可视具体情况而定,一般以1~2米^{2}为宜。网箱内稚参的放养密度,随着个体的增大而稀疏,体长2~3毫米为1万头,4~5毫米为5 000~6 000头,8~10毫米为2 000~3 000头,15~20毫米为1 500~1 000头,随着个体的成长,网箱网目也由开始时的40目逐渐转换为10目左右。

本期内日流水量,由每日3个量程逐渐增至5个量程,有条件可增至7~8个量程。饵料以人工配合饵料和鼠尾藻粉碎滤液为主,人工配合饵料日投饵量为稚参体重的10%左右。由于大量投喂人工配合饵料,同时又处于高水温期,残饵和粪便很容易腐败分解恶化水质,因此要加强清池和倒池,一般每3天清除池底、网箱底一次,将残饵、粪便排出池外,每10天左右调换网箱,倒池一次,必要时可通气。

6. 病害防治

稚参培育期正值年中海水高温期,水中溶解氧含量降低,原生动物、细菌以及稚参敌害生物大量孳生,容易对稚参造成伤害和导致疾病发生。因此,在稚参培育期间,必须严密防范敌害生物的侵袭和病害的发生。主要病害有以下几种:

(1) 猛水蚤的伤害:猛水蚤(*Microsettela* sp)生态特点的某些方面,和稚参相吻合,如猛水蚤生长、繁殖的适宜水温和稚参生长的适宜温度一致。在水温15℃~25℃条件下,一只宽叉猛蚤,经过20天的培养,平均数量增加到90只左右,一般猛蚤雌体发育到成体后第二天即可产卵,卵囊脱落后,快的几分钟、十几分钟,在亲体生殖节上又出现新的卵囊。因此,在稚参培育池内,猛蚤的繁殖速度很快,在短时间内就能形成数量庞大的群体。另外,稚参营附着性生活,猛蚤也有底栖的习性,二者在饵料和生活空间方面,也存在明显的竞争。同时,试验表明(表1-25,表1-26),猛蚤还能够直接捕食稚参,以稚参为饵料,这诸方面造成猛蚤对稚参的危害程度更为严重。在刺参人工育苗过程中,曾不断出现由于猛蚤的侵袭,在1~2天的时间内,导致培育池内的稚参全部覆灭的现象。

表1-25　不投饵情况下猛蚤对稚参的伤害

实验时间及水温	组别	实验水体(毫升)	猛蚤数量(只)	稚参 数量(头)	稚参 体长(毫米)	稚参 24小时剩余数(头)	24时伤害程度(稚参数/每只猛蚤)
1981年7月25日 16:00— 26日 16:00 水温25℃左右	第一组	150	45	10	2-3	0	0.22
	第二组	150	45	10	4-5	2	0.18
	第三组	150	45	10	7-8	10	0

（依于东祥）

表1-26　投饵情况下猛蚤对稚参的伤害

实验时间及水温	组别	实验水体(毫升)	猛蚤数量(只)	稚参 数量(头)	稚参 体长(毫米)	稚参 24小时剩余数(头)	24时伤害程度(稚参数/每只猛蚤)
1981年7月26日 10:00~ 27日 10:00 水温25℃左右	第一组	150	50	20	1.5	5	0.3
	第二组	150	50	20	2-3	15	0.1
	第三组	150	50	20	4-5	19	0.02
	第四组	150	50	20	6-7	20	0

（依于东祥）

表1-27　猛蚤对敌百虫的反应

实验时间及水温	实验编号	药物浓度$\times 10^{-6}$	猛蚤的反应
1982年7月13日9:00～14日9:00 水温20.5℃左右	1	0.05	正常
	2	0.25	3小时30分个别死亡,25小时死亡2/3
	3	0.50	2小时35分大部死亡,2小时40分全部死亡
	4	0.75	2小时30分大部死亡,2小时40分全部死亡
	5	1.00	2小时30分大部死亡,2小时40分全部死亡
	6	2.00	2小时25分大部死亡,2小时40分全部死亡
	7	3.00	2小时大部死亡,2小时40分全部死亡
	8	5.00	55分钟部分死亡,1小时50分大部死亡,2小时40分全部死亡
	9	10.00	20分钟大部死亡,35分钟全部死亡
	10	15.00	加药后立即下沉,5分钟大部死亡,15分钟全部死亡

（依于东祥）

对猛水蚤的防治,主要是加强日常管理过程中的密切观察。一旦发现培育池内猛蚤繁生,应及时施药加以杀灭。目前,杀灭药物主要是敌百虫。试验表明(表1-27),敌百虫对猛水蚤有明显的杀灭效果,在生产中施药浓度以 $2\times 10^{-6}\sim 3\times 10^{-6}$(2~3ppm)为宜。在此浓度范围内,对稚参无任何伤害。施药时,敌百虫用温水溶化,尽量稀释,然后均匀泼洒于培育池内,施药后停止流水2~3小时,然后恢复流水。

(2)溃烂病:患病稚参发病初期,活动能力弱,附着力也相应减弱,摄食不活泼,继而身体收缩,变成乳白色球状,并伴随着局部溃烂,骨片倾倒、脱落,尔后溃烂面积逐渐扩大,躯体大部分烂掉,全身解体死亡。在附着基上,有时还会发现浅红色片状区域(细菌感染区),在该区内的稚参,身体也显浅粉红色,病变和死亡情况同上。随着细菌感染区的扩大,稚参死亡数明显增多。

溃烂病主要是细菌感染漫延所致,稚参患病的机会,可能与稚参的活动和个体大小有关,活力强、个体大的稚参,不易感染;活力弱、个体小的稚参,尤其是5毫米以内的稚参,容易感染、患病、死亡。

本病的预防措施,主要是加强日常管理,预防为主,附着基使用前应充分洗刷,严格消毒;在稚参培育期间,要注意及时清除池内残饵、粪便及其他污物,加强流水,保持水质清新,患病后的治疗,主要是施药,一般可施四环素、土霉素、呋喃西林等,施药浓度 $3\times 10^{-6}\sim 5\times 10^{-6}$(3~5ppm)连续施药2~3天,施药后能基本有效地控制病情,可以阻止病情的蔓延,进而逐渐消失。

第三节 刺参增养殖技术

一、刺参增殖技术

(一) 海洋增殖渔业的理论

海洋渔业资源增殖,就广义而言,也可称之谓海洋渔牧化或者栽培渔业,实际上是人为地增加或改善资源的补充量,来补偿由于各种原因使补充量所受到的损失。其直接的理论基础,是"自然变动论"和拉塞尔(F. S. Russell 1931)表示这种理论的数学关系式。

"自然变动论"的基本观点认为,补充量的自然变动,是资源量变动的主因,并认为除特殊情况外,资源并未达到饱和状态。也就是说,海洋资源生物的生存空间,尚有潜在的生产力。自然变动论认为,早期减耗是影响种群数量下降的主要因素,这样就为以放流种苗为主要手段的海洋增殖渔业,提供了科学依据。其基本设想是,把种苗在资源出现大量减耗的发育时期,置于人工管理、保护之下,通过人工育苗,将一定大小的苗种放流于自然海区,争取资源量的扩大。

拉塞尔(F. S. Russell. 1931)把这种理论用数学模式表示:

$$S_2 = S_1 + (R + G) - (M + F)$$

S_2 为预期的或未来的种群数量(资源量);S_1 为现在的种群数量(资源量);R 为后代补充量;G 为生长量;M 为自然死亡率;F 为捕捞死亡量。$(R+G)$ 又可称资源增加量$(M+F)$ 又可称资源减少量。

尽管渔业种群数量变动,实际上是复杂的(图 1-12)。但是,拉塞尔关系式简明地概括了渔业种群数量变动的基本规律,表达了补充、生长、自然死亡和捕捞死亡四种因素的作用。它不仅为我们控制渔业活动进行资源管理,提供了科学依据,而且为

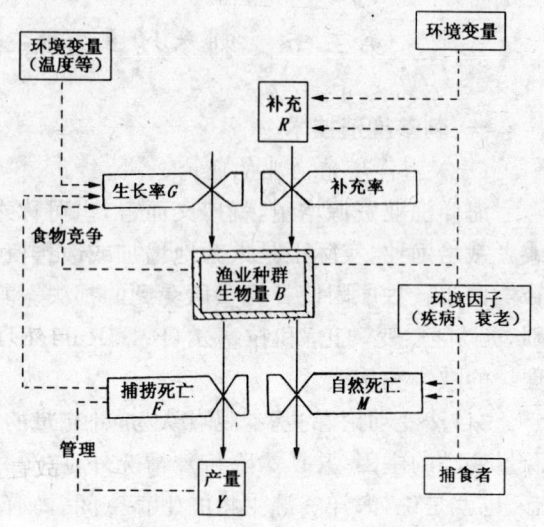

图1-12 渔业种群数量变动示意图(依唐启升)
(图中实线表示决定种群生物量的因素,
虚线表示各种影响因子)

更积极地采取生物学的管理方法,即通过人为干预,努力增加补充量和提高生产量。降低自然死亡率,使渔业资源得到增殖保护和合理利用的海洋增殖渔业,提供了重要理论依据。

在捕捞业不发达的年代,对资源不可能充分利用。因此,捕捞量(F)不是制约资源量变动的重要因素,而种群数量的波动,基本上取决于自然环境因子(生物和非生物因子)对补充量(R)、生长量(G)及死亡量(M)等因素的影响。鱼类种群对其所栖息水域的温度、盐度、水流、含氧量、营养盐和饵料生物等自然环境因子极为敏感,当自然环境因子促使后代补充

量(R)和生长量(G)增加,自然死亡率(M)减少,其种群的数量则增加,当自然环境变化超过它的适应能力时,就会严重影响生长、繁殖,必然导致自然死亡(M)大量增加。后代补充量(R)和生长量(G)减少,那末种群的数量也急剧减少。

随着捕捞技术的进步,捕捞队伍的扩大和捕捞业的发展,特别是酷渔滥捕,使 S_1 和($R+G$)都急剧减少,而($M+F$)直线上升,这样种群数量将明显下降,并可能引起种群特征值的变化,如生长加快、早熟、个体小型化、出生率低、死亡率高等。为此日积月累,加上种间的竞争,再遇上自然环境条件恶化的年份,就会更进一步降低 S_1 和($R+G$)的数量,提高 M 的数量。S_2 便剧减,甚至枯竭。某一种群的资源量遇到破坏,海域生态将失去平衡,致使它的食物竞争者或敌害生物大量繁殖。空间被占领了,即使采取一般的禁捕措施,种群资源也不一定会很快恢复。这就是说,单纯依靠自然补充来恢复已破坏了种群资源,其速度是很慢的,尤其是种间竞争剧烈的种群,更难以恢复。因此,提出了人为干预的方法增加补充量(R)。就一个水域来说,可以从二个途径来增加补充量(R):一是对衰退或已被破坏的种群,采取人工繁殖的方法,培育种苗放流入海,使其自然生长,迅速加入 S_1 的行列;二是将其他水域最优良而又适于在该水域中繁殖生长的种群移殖进来,使其迅速形成自然种群。

实际上,单一品种的资源增殖,归结起来就是研究一个优化逻辑斯蒂(Logistic)模型:

$$N = \frac{K}{1 + \frac{K-N_0}{N_0}e^{tr}}$$

N 为自然或者增殖品种种群资源量;K 为自然环境容纳量;N_0 为初始资源量;r 为该生物种群的内禀自然增长率,e 为自然对数。

优化逻辑斯蒂模型的含义,是一个自然或增殖种群资源量(N)的大小,受制于环境容纳量(K)、初始资源量(N_0)以及该生物的内禀自然增长率(r)的高低,而后者(r)又是自然死亡(M)和种群生长(G)的函数。因此,在品种增殖实施过程中,必须充分注意扩大环境容纳量(K),尽量降低自然死亡(M),加快种群生长速率(G),增加初始资源量(N_0)。这样,才能获取较好的增殖效果,达到增加资源量,提高生产量的目的。

迄今人们为增加初始资源量而进行的苗种放流,其注意力主要集中于放流环境的改善,放流时间、方法等外部生态、生化诸因素,而对放流对象种的内在特征,也就是说"种苗性",即放流后能适应环境并加以生存的能力,却没能引起足够的重视,这是一个不应忽视的重要问题。人工放流苗种,必须在遗传、形态、生理、生态等多方面体现出该品种固有的特点,即种苗性强的苗种,这样人工放流苗才能达到和天然种苗相似的成活率,对资源的增加才有极大的实际意义。目前的研究表明,人工种苗和天然种苗之间,有极其明显的差异,如鱼类,天然鱼和养殖鱼的差异就十分明显(见表 1—28),各种特性上存在的明显差异,导致在自然海域天然鱼的生存能力,明显高于养殖鱼。造成差异的主要原因,可能与饲育条件有关,由于用大量生产的方式,过密的饲育条件和过多的单品种饵料,致使引起肥胖和运动不足,同时对外部刺激的接纳系统——神经系统、运动系统的一系列反应,经络条件的形成和训练等,不如天然鱼。因此,人工种苗和天然种苗放流后初期的行为,也有明显不同,如真鲷苗种(尾叉 50 毫米)放流后,初期的行为与天然鱼相比较,其主要差异:① 人工苗种结群,天然鱼不结群;② 人工苗在上层游动,天然鱼在底层游动;③ 人工苗摄取食物失败动作多;④ 天然苗夜间不摄食,人工苗在上层游动,不易摄取食物,只能摄取小型或者低营养的浮游生物,容易造成饥饿、营养不良,易被捕食,人工苗夜间摄食的习惯,增加被夜行动物吞食的危险。这些行为上的不同,是引起人工苗放流后,初期大量死亡的重要因素。如何获得在遗传、形态、生理、生态等诸方面均能体现该品种固有特点,种苗性能强的人工放流苗种,将是资源增殖的一项重要研究内容。

海洋渔业增殖理论的基本内容,可以归纳以下几方面:

(1) 海洋生态系统还存在着潜在生产力。这种潜力通过人工措施,不同程度地控制海洋生态环境,定向地保护和增殖渔业资源,扩大海洋的生产能力是可能的。

(2) 确认利用人类现代科学技术,海洋生物学、水产生物学、水产养殖学、海洋捕捞学、渔业资源学、环境保护学、海洋生态学等多种领域里的现代技术和生物工程技术,综合地应用于海洋渔业资源的增殖,是提高海洋渔业生产能力的有效途径。

(3) 海洋生态系,具有一定的可塑性。海洋增殖渔业的实践表明,在掌握特定海域生态系内在关系的基础上,通过人工增殖、放流和移殖新品种,以及清除或抑制敌害生物,可以定向地改变生态系,使之更有效地提高海域生产力。

表 1-28 养殖鱼和天然鱼的特性比较

特　性	天然鱼	养殖鱼	发育阶段	鱼品种
Ⅰ、形态				
骨组织的变化	正常	粘连、形成过度	仔鱼、稚鱼	真鲷
（硬骨、软骨）		畸形等		鲈鱼
				鲤鱼
色素细胞	大多正常	斑纹形成时期早	稚鱼	真鲷
		着色侧的白色	稚鱼	牙鲆
		无色侧的黑化		
Ⅱ、体成分				
储蓄脂肪量	少	多	稚鱼、成鱼	真鲷
				香鱼
脂肪酸	ω_3 系列 HUFA 多	ω_9 系列 HUFA 多	稚鱼年轻鱼	真鲷
糖原量	少	多	稚鱼	真鲷
C/N	少	多	稚鱼	真鲷
Ⅲ、行动				
对威胁反应	对振动刺激敏感	对振动刺激迟钝	稚鱼	真鲷
	难上刺网	易上刺网	稚鱼	真鲷
捕食离底时间	短	长	稚鱼	牙鲆
从捕食者逃避	多	少	稚鱼	红大麻哈鱼
（生存）				
抗流性	强	弱	稚鱼	红大麻哈鱼
Ⅳ、生理学反应				
耐高温性	高	低	稚鱼	河鳟
（成活率）				
耐密度抗性	高	低	稚鱼	河鳟
（成活率）				
抗低氧性	高	低	稚鱼	真鲷
耐药物抗性	高	低	稚鱼	真鲷

（依石冈宏子）

(二)刺参增殖国内外概况

1. 日本的刺参增殖

刺参由于其营养价值高、移动性差、食物链短、适应性强等特点,不失为一种理想的增殖品种。日本刺参增殖,从明治13年(1880年)在山口县玖珂郡室木村凑湾内移值幼参进行养殖开始的,20世纪30年代,随着产品大量输入中国,刺参增殖业发展迅速,当时主要采用投石、沉废旧船、投汽车外轮胎、投树枝把、投木筏、移植成参等方法,取得明显效果。

(1)广岛县:广岛县水产试验场,1929年在面积19 830 米^{2}的津町海域和面积30 736 米^{2}的三津町海域,分别投石588 米^{3}和3 042 米^3,投放苗种985头和208头,增殖效果明显,津町海域增殖前平均年产量16 284千克,增殖后年产量达29 816千克,三津口町海域增殖前平均年产量10 487.6千克,增殖后达15 562.3千克。

(2)香川县:设立海参保护区,筑堤面积208.2米^2,增殖面积1 024.6米^2,在增殖区投放亲参751.8千克(5 000头),效果明显,增殖前年产量827千克,增殖后第一年4 698.8千克,第二年5 969.3千克,有逐年上升的趋势。同时,在增殖区和增殖区附近海域的海草、海藻及石头、铁锚上,均附着有大量的稚参。

(3)爱媛县:1934年,在面积158 640米^{2}的增殖场,距岸545米、干潮水深5.5米处,以自然礁石为中心筑建长27.3米、宽3.6米、高0.9~1.5米与海岸线平行的潜堤,放养参苗751.8千克。1935年,在水深7.3米以天然礁石为中心又筑建一条与前一年平行的长36.4米的潜堤放养参苗751.8千克。1936年,在该增殖区的东临海区设立面积39 660米^{2}的新增殖区,在水深 5.5 米处,以天然礁石为中心,筑建长 364 米的潜堤,放养种苗 451 千克。1937 年,又在该增殖场的西部,以余下的天然礁石为中心筑建长 54.5 米的潜堤放养参苗 751.8 千克,投放树枝捆 60 个,增殖效果十分显著。增殖前,年产量 6766 千克,增殖后海参产量迅速增加,年产量高达 323 274 千克。同时,增殖场附近水域的海参产量也有增加。另外,潜堤诱鱼的效果也十分明显,钩钓鱼产量成倍增长。

(4) 长崎县:长崎县水产试验场在北松浦郡福岛村盐浜渔业合作社,所属海域面积 271 010 米^2,增殖区内投石约 100 米^3,投树枝捆 1 267 个,投放参苗 672 头,从 1933 年到 1936 年禁渔,1935 年 12 月 12 日～12 月 16 日第一次解禁,1936 年 12 月 20 日～12 月 24 日第二次解禁。增殖实施前,每年 12 月～翌年 2 月,出海约 35 天,平均捕获量 7 333.8 千克,增殖实施后,1935 年第一次解禁出海 5 天捕捞 17 065.9 千克,1936 年第二次解禁出海 5 天捕获 15 148.8 千克。

(5) 大浦湾的海参增殖:大浦湾是佐贺县西端伊万里湾内的一个小湾,面积约 59 490 米^2,湾周围群山环绕,海岸线曲折,湾内海水平静,水深较浅,最深处不超过 12.5 米,底质以泥沙为主,湾内浅水水域大型藻类繁茂,年度海水水温最高 25.76℃,最低 9.9℃,海底水温最高 26.4℃,最低 9.8℃,海水比重,大雨季节不低于 1.018,湾内有刺参栖息。由于滥捕导致刺参产量逐年下降。因此,1934 年,佐贺县营养殖场着手进行刺参增殖。当年 3 月,在沿海划出 1 625.5 米^2,设增殖区投石 277.6 米^3,移植亲参 1 691.6 千克。1936 年 1 月,又设立增殖区 330.5 米^2,同时设立禁渔期,增殖实施后二年,出海 4 天共 90 船次,捕获海参 16 258.3 千克,效果十分显著(见

表1-29)。

表1-29 大浦湾增殖前后刺参平均渔获量比较

日期	出海天数（天）	出海船数（只）	生产量（千克）	每日出船数（只）	每日生产量（千克）	每日每船产量（千克）
1923～1932年间平均	46.1	644.6	3 834.4	14.4	83.2	5.9
1935～1936	4	90	16 258.3	22.5	4 064.6	18 017

70年代,日本刺参人工育苗技术尚未确立,为遏制刺参产量的逐年下降,而采取设立刺参稚幼保育场的方式,增加刺参资源量。长崎县在大村湾的今津町和阴平近岸,水深2.5米,海底铺设填充岩石,在石床上装置高1.6米的混凝土海参礁50个,以利稚参附着和成长,以此增殖海参。

石川县的七尾湾,同青森县的陆奥湾、爱知县的三河湾、熊本县的有明湾,是日本主要刺参产地。石川县的渔获量(1975年)805吨,其中七尾湾约占89%,为715吨。由于水温及海况的变化,石川县刺参渔获量,呈现持续下降的趋势。因此,该县在七尾湾的能登岛町的半浦和和仓建立了海参稚幼保育场。在水深5～6米的海区,建筑高2米、宽1.1米、长32米的岸石床,每个床上竖起强化塑料支柱五根,在每根支柱上,设有供海参稚参附着用的采苗筒,附着于采苗筒上的稚参,长到一定大小会自然脱落,掉到石床上,在岸石缝中生长(见图1-13、图1-14)。这种形式的稚幼保育场增殖效果明显,在半浦增殖区范围内,幼参分布密度为13～24头/米^2,在和仓区为21～24头/米^2。

近十几年来,随着日本刺参人工育苗技术的确立与完善,育苗水平不断地提高,幼参出苗量也逐年增加,因而促进了刺参人工苗种放流增殖业的发展,苗种放流数量较前有明显增加(见表1-30)。

表1-30　日本近几年刺参苗种生产和放流数量

日期	1987	1988	1989	1990	1991	1992	1994
苗种生产量(千头)	541	16 759	26 756	2 638	2 452	2 181	2 557
苗种放流量(千头)	76	8 466	25 845	1 340	1 594	1 242	1 692

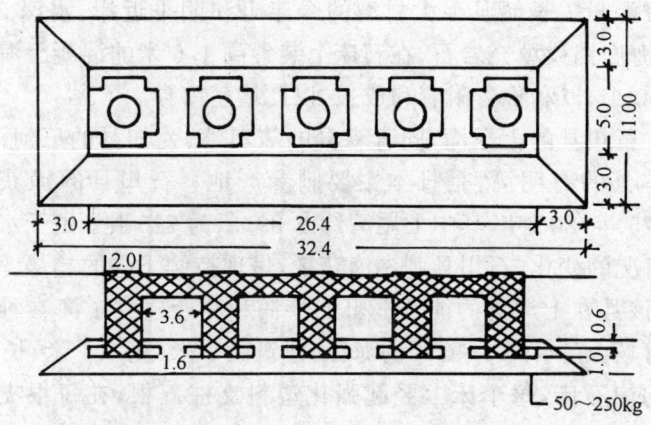

图1-13　稚参保育礁构造示意图

2. 国内刺参增殖发展概况

国内刺参增殖,始发于20世纪50年代,从投石,投树枝捆,移植亲参、幼参开始,随着刺参人工育苗技术的确立,育苗

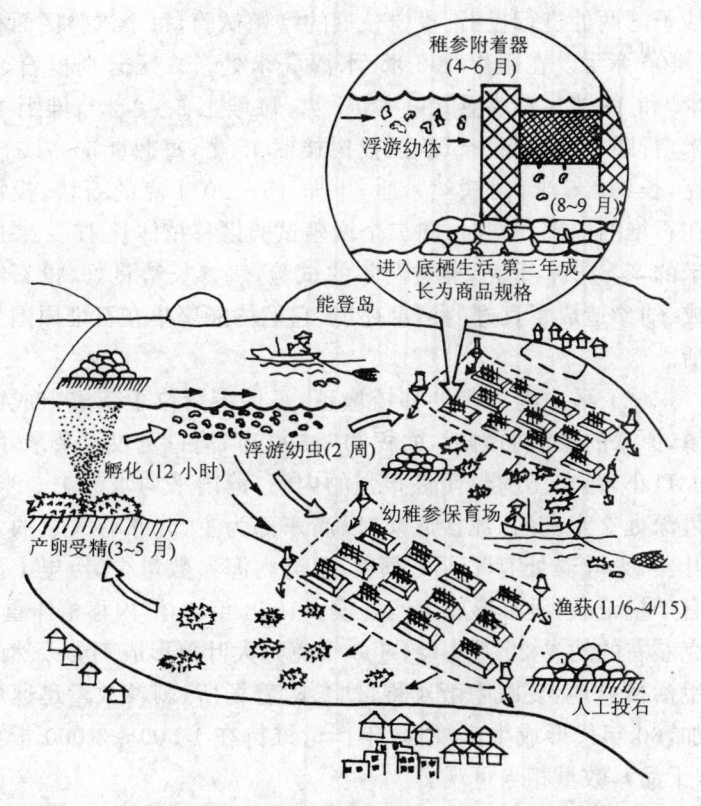

图1-14 保育场增殖效果构想

水平不断地提高,刺参增殖逐渐转向以人工苗放流增殖为重点。

(1) 北戴河沿岸的刺参增殖:是国内刺参增殖最早始发

地。1953年~1957年,中国科学研究院海洋研究所张凤瀛、吴宝玲等,与河北省水产试验场合作,在北戴河沿岸的北小咀、沙子湾两处进行投石、投树枝捆的增殖试验,每个试验区面积2 400 米^2,设在距岸100米、水深3米处。二区分别投石24 米^{3}和13 米^3,石块重35~65千克,每堆1.5~2 米^3,堆距10米,行距20米。每个试验区投树枝捆45个,每捆重5~7.5千克,长约1.5米,用铁丝紧匝,下坠15~20千克的石块,投放在石堆的周围。同时,向二个增殖试验区移植体长15~20厘米的亲参375千克,通过两年的试验,刺参长势良好,投石给成、幼参造成了良好的栖息环境,它们均能聚集在石堆周围生活。

（2）马山港湾刺参移植增殖：马山港湾位于荣成市成山镇,原来的老城厢附近,面积约3 500亩,湾口宽仅百余米,肚大口小,是典型的封闭性很强的内湾,湾内平均水深1.5米,最深处2米左右,泥沙底质,以湾东部为主,分布有大量的大叶藻,大叶藻处有时可见海参,但湾内海参数量少,历史上没有产量记载,没有形成生产规模。1958年,向湾内移植体重5克左右的幼参20万头(约500千克),大叶藻形成刺参天然的生活栖息地,夏眠隐蔽及稚、幼参附着场所,刺参数量迅速增加,60年代形成生产规模,年产量维持在1 500~2 000千克(干品),数量相当可观。

（3）青岛市崂山县港东村沿海刺参投石增殖：港东村位于崂山县东北麓,三面环海,村委确权海区,海岸长5~6里,水深范围3~6米,沿海底质,北部灯塔区和青棚湾多软泥和泥沙,育苗室区外多软泥和软泥夹杂砾石,东矶至峰山后一带近岸多泥沙底,远岸多砂并有大型石棚(见图1—15)。在岸礁地带,有大型藻类分布,主要有石莼、浒苔、萱藻、马尾藻、海蒿子、石花菜等,灯塔以南流速25厘米/秒。育苗室前为35厘米/秒,东矶至峰山后为13厘米/秒。自然海区有刺参分布,历史上最高产量(1958)单船日产350千克(鲜重),一般为150～200千克。进入70年代以后,由于滥捕的结果,刺参资源量濒临灭绝,已不能形成生产规模。

1976年～1980年,黄海水产研究所在东矶至峰山后一带,划定面

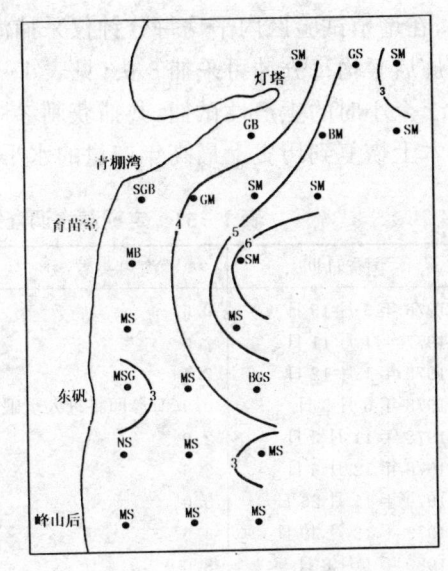

图1-15 港东沿海水深、地质分布

积约3公顷的增殖试验区。在增殖区设9个投石点,各点间距30米,1976年各点投石40余米³,共投石400米³,1977年,各点共投石200米³,石块重35～40千克,同时二年分别投树枝捆847个和371个。树枝捆用崂山产的映山红、香条、胡枝子、山姜等长约1.5米的枝条用$12^\#$～$14^\#$铁丝匝成捆,每捆7.5千克左右,再用$12^\#$～$14^\#$铁丝将重20～25千克的石块系扎于树枝捆上,分散投入增殖区投石点的周围。1976年、1977年

分别移入亲参 8 461 头和 5 715 头。经过数年的禁捕管理,尽管海区自然条件差,海区贫瘠,但增殖效果仍然显著。未实施增殖措施前(1976 年 3 月),对该海区刺参资源的本底调查结果,在增殖试验区内平均每分钟仅采捕海参 0.5 头,实施增殖措施后平均每分钟可采捕 8 头(见表 1—31)。1981 年 1 月,经过 1 个小时的生产性试捕,共捕获刺参 318 头,重 56.5 千克,基本上恢复到历史上最高年产量的水平,增殖效果显著。

表 1—31　定期潜水调查结果

调查日期	海参头数/分	增加的倍数
1976 年 3 月 15 日	0.5	增殖前的基数为 1
1977 年 1 月 11 日	2.0	4
1978 年 1 月 12 日	2.4	4.8
1978 年 6 月 5 日	0.9(海参即将进入夏眠)	1.9
1978 年 11 月 2 日	2.9	5.8
1978 年 12 月 6 日	3.6	7.2
1979 年 11 月 26 日	5.0	10.0
1979 年 12 月 29 日	6.6	13.2
1980 年 1 月 8 日	8.0	16.0
1980 年 11 月 19 日	7.9	15.8
1980 年 12 月 25 日	7.1	14.1

(4)蓬莱市马格庄镇刘旺北山沿海人工苗放流增殖:马格庄镇刘旺北山沿海,位于渤海海峡东侧,蓬莱沿海的中段,刘旺湾的北侧,突出于海中流急畅通。蓬莱海珍品增殖中心管辖的海区范围,在北山沿海由三个自然小湾组成,湾内底质以岸礁、泥沙、乱石为主,水深一般在 10 米以内。1984 年,黄海水产研究所与蓬莱海珍品增殖中心合作,在三个自然湾中间一个"U"形湾内设立人工苗放流高产试验区,面积约 3.5 公

顷,湾内水深2~7米,底质以岩礁、乱石为主,其次是泥沙底,湾内流缓通畅,在潮间带及潮下带,繁生大量的大型藻类,主要有石莼、条浒苔、管浒苔、刺松藻、萱藻、鼠尾藻、海蒿子、条斑紫菜、石花菜、鸡毛菜及大叶藻等,高产试验区浮游植物初步鉴定有27个属,50种,其中硅藻类24属,44种,甲藻类3属,6种。高峰出现在3月份(3 224万个细胞/米^3)。最低谷在7月份(17万个细胞/米^3)。主要优势种为圆筛藻、斯氏根管藻、角刺藻、密联角刺藻、日本星杆藻等。

1984年,对该试验区内刺参资源量进行本底调查,结果见表1-32。1984年5~8月投石5 000米^3,其中4 000米^{3}在湾口处筑成潜堤,1 000米^{3}以堆或条形投到面积1.5公顷的浅水区。1984年10月~1985年3月投石,2 000米^{3}混凝土海参礁40个(见图1-16)、投裙带菜孢子叶200千克。1984年9月,在面积1.5公顷的浅水区(调查点1,2,3)放流体长1厘米以上当年人工苗48万头(体长1~2厘米占84%,2厘米以上占16%),1985年9月、1986年10月,分别放流体长1厘米以上人工参苗50万头和15万头。每年在3~5月、11~12月,刺参活动摄食盛期,不定时向增殖试验区投喂鸡粪和人工配合饵料。1984年4月~1986年4月,设禁渔期。

表1-32　试验区刺参本底调查结果

项目	调查点	1	2	3	4	5	6
平均密度(头/米^2)		1.2	1.2	0.95	0.7	0.95	1.2
平均重量(g/米^2)		82.8	89.4	81.13	62.8	80.2	97.8
体重组成(%)	85g以上	35	39.5	46.5	42.2	46.5	50
	85g以下	65	60.5	53.5	57.8	53.5	50

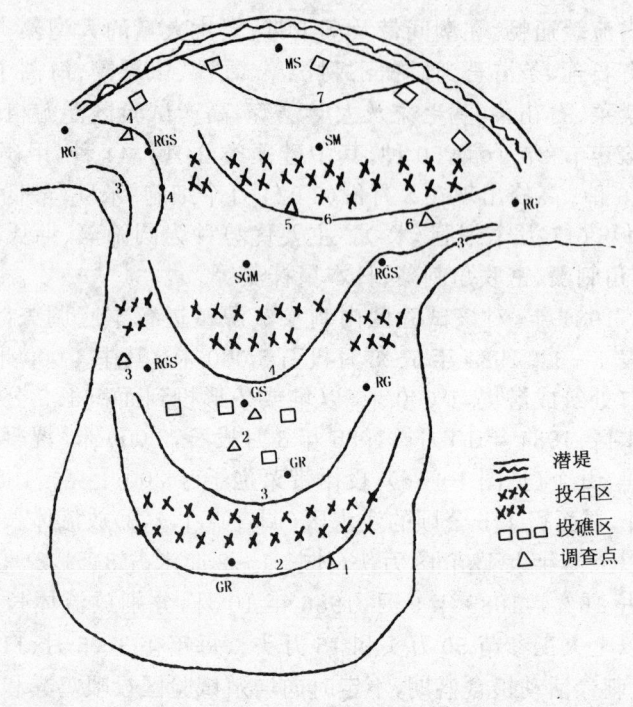

图 1—16 示意图

1986年4月调查,刺参分布密度过大,容易造成试验区内隐蔽场所和饵料的不足,以致影响刺参的成活,且有部分海参已达采捕规格,故从1986年起,每年定期在试验区内进行生产捕捞,同时向试验区外移植疏散部分海参,以降低试验区内海参的栖息量。

增殖试验实施后,刺参栖息量及体重组成的调查结果,见

表1-33 刺参栖息量及体重调查结果表

项目 调查点	时间	单位面积分布量(头/米²)			体重组成（%）						
		最高	最低	平均	0~15克	16~55克	56~85克	86~125克	126~175克	176~225克	226~275克	276克以上
1	85.4	23	17	19.4	6.2	72.2	16.5	5.1				
	86.4	30	16	23	3.1	47.4	36.9	11.3	1.3			
	87.4	15	5	9.5	2.1	42.1	37.9	15.8	2.1			
2	85.4	19	16	17.4	2.3	66.7	20.7	8	2.3			
	86.4											
	87.6											
3	85.4	18	11	13.8	1.5	43.1	37.7	13.3	2.9	2.5		
	86.4	26	13	19	7.9	55.2	25.7	10	1.2			
	87.4	14	5	7.7	6.5	70.4	9	10.4	13.9			
4	85.4	3	0	1.6	1	20	20	13.3	20	20	6.7	
	86.4	14	0	5.1		11.8	23.4	37.2	17.6	9		
	87.6	6	3	4.1		12.2	22	36.6	19.5	9.7		
5	85.4											
	86.4	14	3	7.9		9.9	16.4	24.1	38.9	8.9	2.5	0.3
	87.6	5	2	3.9		12.8	30.8	46.2	10.2			
6	85.4	4	1	2.4		14.3	21.4	42.8	21.5			
	86.4	26	7	16.1		13	27.4	33.5	21.7	2.5		
	87.6	9	3	5.2	1.9	15.4	34.6	44.2	3.8			

表1-33。由表1-33中1,2,3调查点1985年的调查结果可明显看出,单位面积海参的分布密度急剧增加,达到放流前的14～16倍。其中,增加部分绝大多数是体重85克以下的1龄参。这显然是人工苗放流所促进的变化。由4,5,6调查点1986年的调查结果可以看出,该海区1986年海参的分布密度比1985年有显著增加。前者是后者的7倍多,由平均2头/米^{2}增至14.3头/米^2,其中体重85克以上的2龄参所占比例明显增大,表明海参有随着个体增长,由浅水向深水移动的生态特性。

1988年现场验收结果,在面积3.5公顷增殖试验范围内,刺参单位面积分布量平均达12.9头/米^2,总资源量为47 769千克,总数量430 021头,其中体重大于150克的商品参118 256头,折合干品909.7千克,平均亩产18.2千克,增殖效果十分显著。

(5) 长海县海洋乡后大套人工放流增殖:

1985年～1987年,辽宁省海洋水产研究所在长海县海洋乡后大套进行了3多年的刺参增殖试验,取得明显效果。

试验区位于东经123°09′—123°10′,北纬39°05′—39°06′,属黄海北部放流区,距岸300～400米,主流向为SE、NW底、底层(水深8米),流速0.016～0.33米/秒,透明度6～7米,水深8～11米,全年水温变化幅度为1.4℃～25.5℃,表层盐度为31.5～32.54。放流区底质为沙泥,主要成分为细沙,占82%,粉沙占12.5%,粘土占3.2%。底质中,有机物含量0.22%,含氮量0.12%,海底密生大叶藻。放流区南半部近岸岩礁地带,有大型藻、裙带菜、绳藻、鼠尾藻、红毛藻等。人工苗放流前,进行了刺参栖息的本底调查,放流区刺参资源量为

0.12头/米^2,只有200克以上的大个体刺参,多数个体为300~400克,未发现2龄以下的小个体,只有在近岸的岩礁处见到平均体长13厘米,平均体重70克的1龄参。

1985年11月10日,将辽宁省海洋水产研究所育苗室当年培育的平均体长1.8厘米的幼参35万头,放流于增殖试验区,随后定期潜水观察,放流参的分布、活动情况。1986年12月的调查结果显示,放流参苗的密度为5.7头/米^2,平均体长8.6厘米。1987年5月19日和6月13日调查结果显示,放流参体长范围为9~16厘米,平均体长11.9厘米,平均体重46.6克,单位面积放流参的分布密度为4.3头/米^2,放流苗的分布面积约45 000米^2,由此调查结果推算,放流后的成活率为55.3%。

(三)刺参增殖技术

1. 人工苗种放流增殖

随着人们生活水平的提高,以及刺参药物作用的日益扩大,对刺参的市场需求也与日俱增,价格扶遥直上,刺激刺参捕捞生产的膨胀和过度。70年代后,由于多年的酷渔滥捕,使不少刺参产地面临资源枯竭的局面,产量有逐年下降的趋势。如50年代,山东省刺参年产量在130~140吨(干品),辽宁省为130吨左右(干品)。而70年代,分别降至30~40吨和26吨。50年代,烟台市最高产量可达90余吨,而70年代末,仅7~8吨。为迅速增加刺参资源,提高生产量,人工苗种放流增殖,不失为一种特别有效的方法。80年代中期,伴随着我国刺参工厂化育苗技术的基本确立,每年能够按计划批量提供各种不同规格的人工苗种,刺参人工苗种放流增殖也逐步展开。通过多年的反复试验,苗种放流技术初步确立,且还在逐渐完善,放流增殖效果比较显著,对刺参资源量的增加、生产量的提高,起到明显促进作用,受到渔业生产者的普遍欢迎。目前,刺参人工苗种放流增殖,已成为刺参增殖的重要手段。

(1) 放流海区的选择:着手刺参苗种放流增殖,首先应充分注意的问题,就是选择什么样的场地,什么样的海区。放流场所选择的好坏,对放流增殖效果有直接影响,是关系到事业成败的关键因素。适宜放流海区的选择原则,必须依据刺参成体及幼苗的生活习性、生态特点而确立,主要有以下几方面:

1) 底质:刺参成体多生活在岩礁、乱石底质和有大叶藻繁生的沙泥底质,礁缝和石下以及大叶藻的根茎,为刺参提供躲避风浪或夏眠隐蔽的良好场所。

体重2.5克以内的幼参,生活习性与成参有所不同。成参营匍匐生活,幼参营附着性生活。在自然界,幼参主要附着于礁石壁、大型藻类、大叶藻的茎、叶,以摄取附着物上繁生的底栖硅藻,原生动物等微小生物及有机碎屑。目前,放流苗种规格多为体长2~3厘米,其体重在2.5克以内。因此,放流场地应选择能为幼参附着生活提供方便的岩礁、藻林地带和浅水水域。

对刺参渔场的大量调查结果表明,含泥量超过20%以上的多泥底,很少有刺参栖息,底质中含泥及粉沙越少,刺参的分布量就越多。早川等人(1976)对青森县野边地町及川内町渔协刺参分布区底质分析结果表明,底质的泥含量在10%以下,底质中以砂砾为主,在水深20米处泥含量为3.1%,全硫化物为0.011毫克/克,强热减量(有机物经强热焚烧后的减量)为6.1%的底质粒,有刺参分布,在含泥量27.8%,全硫化物0.28毫克/克,强热减量为5.9%的底质,无刺参栖息。

黄海水产研究所对港东沿海人工苗放流海区调查的底质分析和刺参分布结果表明(表1-34),含泥量多,刺参分布密度小;细沙、粉沙含量少,刺参分布密度大。同样,在蓬莱海珍品增殖中心所属海区的底质调查结果也显示,乱石夹杂小型岩石底质,刺参分布量最多,在0.95~2头/米²范围内,沙泥间有大叶藻底质分布量少,仅为0.3头/米²,泥沙间有乱石底、与礁石乱石底相似,在0.7~1.2头/米²的范围内。因此,首选放流海区的底质,为有大型的海藻繁生的乱石,夹杂岩石底质或者乱石礁石底,其次为大叶藻繁茂的沙泥质。

表1-34 底质组成与刺参分布量

放流点		Ⅰ	Ⅱ	Ⅲ	Ⅳ
水深(米)		4.0	4.0	3.0	5.0
水温(℃)		4.4	5.2	5.3	4.9
密度(头/米²)		0.95	0.23	0.45	0.4
粒子分类(直径毫米)和组成(%)	>0.9	6.39	1.21	15.41	1.65
	0.9~0.45	4.70	13.45	31.42	4.26
	0.45~0.3	10.43	26.98	27.81	13.32
	0.3~0.25	35.53	32.07	14.56	37.57
	0.25<	35.77	15.40	8.01	37.26
	泥	7.17	10.89	2.79	5.95

2)海况条件:崔相对刺参生态调查结果表明,潮间带的个体躯体重为2.5~22.5克(平均9.6克),在藻场地带躯体重为12.5~42.5克(平均25.0克),水深4.5~6米处为

17.5~102.5克（平均45.8克），水深9.0~10.0米处为37.45~207.5克（平均87.9克），水深12.0~13.5米处为102.5~187.5克（平均180.6克）。也就是说，体重50克以下的个体，分布在近岸浅水区；体重50~100克的个体，分布在水深5米以内；体重100~150克的个体分布在5~10米范围；体重150~200克的个体，分布在10~15米；体重200克以上的大型个体，分布15米以上水深。

  黄海水产研究所在蓬莱马格庄刘旺北山沿海的调查显示，水深1.7米处体重85克以内的小个体占70%，其中55克以内的个体，竟占其总量的50%；体重176克以上的大个体，一个没有发现。相反，在水深7.2~8.2米处，体重126克以上的个体，占总量的90%；体重85克以内的个体，仅占总量的10%，其中55克以内的个体一个没发现。

  上述调查结果表明，不同体重的刺参，栖息水深也不尽相同。放流苗随着个体的成长，将会由浅水区向深水处移动。因此，苗种放流区的水深选择，既要考虑到幼参的需要，又要顾及到成参的需要。也就是说，幼参放流区以水深2~4米范围内为宜，放流苗种随着成长将向深水移动，在水深5~15米范围内，还必须具备成参生活所需的其他环境条件。

  刺参以其腹部密布的管足，吸附在礁石、乱石及大型藻的根、基部，但其吸附力不强，难以承受大的风浪和急流的冲击。因此，增殖区要选择水质澄清、潮流通畅、缓慢，有涡流，无淡水注入的场所。

  3）饵料条件：增殖海域的饵料条件，是影响刺参生长的重要因素之一。刺参主要以微小生物，如底栖硅藻、原生动物、细菌以及大叶藻、海带、裙带等大型藻类腐败、腐烂之后存留的有机碎屑腐殖质、动物死亡残骸等为饵。海水肥沃,营养物质丰富,利于大叶藻、大型藻类的繁殖生长,它们的腐烂、腐败,无疑会给刺参提供更多的饵料。因此,放流区应该在水质肥沃、营养盐丰富(大叶藻及大型藻类繁茂)的水域。

(2)放流增殖海区环境改造:刺参的栖息及栖息量的多少,与海区环境条件密切相关。环境条件完全符合刺参要求的海区是有限的。在选择放流增殖海区时,往往会遇到某些海区局部条件不足或欠缺的情况,这样以来,我们就有必要对其海区环境加以改造,使该海区的环境条件满足刺参的需要,就可以利用该海区进行人工苗放流增殖。目前,海区环境改造,可采用以下措施:

表1-35 投石、海参礁聚参效果(1985年4月13日调查)

试验区	调查区 项目	1	2	3	4	5	平均
参礁区	密度 头/米^2	19	17	18	16	17	17.4
	重量 千克/米^2	1189	643	792	670	690	796.4
外投石区	密度 头/米^2	12	17	11	18	11	13.8
	重量 千克/米^2	618	1016	774	1148	519	815
内投石区	密度 头/米^2	23	20	19	17	18	19.4
	重量 千克/米^2	934	809	717	676	777	782.6

1)投石、投海参礁:投石、投海参礁,是增加刺参隐蔽场所,提供大型海藻固生场地、满足高密度栖息要求的一种有效方法。表1-35,为投石与投海参礁的聚参效果比较。由表1-35中可看出,投石、投海参礁,均有十分显著的聚参效

果。刺参单位面积分布量,高达20～23头/米²。同时,石头和海参礁的增殖效果,无明显差异,可根据本地区的客观条件,采取任何一种方式。

人工投石数量应适当,数量少刺参栖息隐蔽场所不足,难以满足高密度增殖的需要;投石过多,达不到最佳增殖效果,造成人力、物力、财力的浪费。不同投石量的聚参效果,试验结果见表1-36。试验表明,投石后刺参的分布密度,比试验前都有明显增加,最高A组,竟达试验前的41倍;最低C组,也有8倍。同时,随着每次投石量的增加,刺参单位面积栖息量和十分钟采补量也相应增加。C、B、A分别为5.6头/米²、47头/10分钟;10.7头/米²、50头/10分钟;12.3头/米²、75头/10分钟。B组投石量是C组的2倍,刺参栖息密度也约为其2倍,同样,A组投石量为B组的1.5倍,10分钟采捕量也是1.5倍,显示出投石量与栖息量两者关系呈正比例。

表1-36 不同投石量的增殖效果比较

试验组	投石量(米³/亩)		刺参栖息量(头/米²)			十分钟采捕量(头)	体重组成(%)	
			最高	最低	平均		130克以上	30克以下
A	120	试验前	1	0	0.3			
		试验后	18	2.4	12.3	75	23.0	73.0
B	80	试验前	1	0	0.4			
		试验后	17.2	0.8	10.3	50	23.3	72.3
C	40	试验前	2	0	0.7			
		试验后	12		5.6	47	11.3	88.7

为了既便于搬运,方便投放,又能避免石头被风浪冲走流失,投石石块重量以30～40千克/块为宜。投石海区应选择硬

沙泥或泥沙底质,以及砂砾底,投石应当在苗种放流前的3～5个月内完成。投石时,将石块装船,船载石块于放流海区,以堆放形式,投入海底,每堆石块约10米^3,堆间距为10～12米,在海面投石后,再由潜水员潜入海底,对所投的海堆石头加以适当的归拢、整理即可。

2) 海底爆破筑礁:近几年,在不同海区反复进行的刺参生态调查和增殖调查中发现,刺参在巨型峰状和平板状岩礁区的自然栖息数量很少,岩石的利用率很低,为了充分利用海底的礁石资源,可采用海底爆破方法,改造海底环境,增加刺参栖息量。

黄海水产研究所1985～1988年,在蓬莱马格庄镇蓬莱海珍品增殖中心所属海区,进行了海底爆破筑礁增殖试验。1985年6～7月,进行海底爆破,炸药、雷管经塑料纸密封后由潜水员潜水安置在海底礁石的适当位置,然后在海面船上电动起爆,放炮次数依礁石破碎情况而定,三个礁区,总计放炮62次,炸药总用量704千克,筑礁总量394米^3,平均每千克炸药筑礁0.56米^3,在62次爆破中,仅有5次8条六线鱼、黑鲪及2只日本鲟死亡。对水域生物的生存未构成威胁,对海区未造成污染。爆破实施了3年后,即1988年4月,潜水观察,爆破后形成的石礁位置、结构,尚无明显变化,石礁上业已繁生多种藻类,如石花菜、鸡毛菜、海蒿子等。

海底原来自然礁石,大多数平板式或巨峰状巨石,由于海底底流的不断冲击,礁石光洁、无浮泥、淤泥,大型藻类也难以生存。此种构形,不利于刺参的日常活动和摄食,栖息量少。爆破后,改变了原来的礁石形状,形成大小不等交错堆列的乱石构形,海底底流,流经此种地形,会形成许多涡流区,涡流区内容易沉积有机碎屑和微小生物,也利于大型藻类的繁衍生长,增加自然海区刺参的饵料。同时,涡流区内流碎、缓,也利于刺参的正常活动,礁石间的诸多缝隙,又是刺参夏眠及隐蔽场所。通过爆破,明显地改善了刺参的生活环境,促进刺参栖息量的增加,增殖效果显著(见表1—37)。

本试验所用炸药,主要用木粉、硝酸铵、柴油三种原料混合自炒而成。每百千克炸药成本费仅69.90元,再加上雷管、塑料纸、线绳、电线、工人工资等,每百千克炸药耗资187.40元,(每百千克炸药破石56米^3,平均1米^{3}费用为3.35元)。按每次破石筑礁100米^{3}计算,可需费用为335元,如若采用人工投石,即使当地取石,每次投石100米^3,也需费用1 300元,是海底爆破筑礁的3.9倍。因此,有条件的海区,利用此法比较有利,能节省大量资金和人力。

表1—37　爆破后增殖效果比较

试验组别	调查日期	单位面积分布量(头/米^2)			体重组成(%)				
		最高	最低	平均	200克以上	200~150克	150~100克	100~50克	50克以下
黄石礁	增殖前	3	0	1.1	9	9	36	28	18
	1986.4.14	9	3	6.9	0	7	29	36	28
红石礁	增殖前	4	0	1	20	40	10	10	20
	1986.4.14	7	0	3.3	10	27	36	27	0
草帽石	增殖前	2	0	1	30	30	30	10	0
	1986.4.14	9	6	7.0	0	3	17	54	26

3)建造海底人工藻(林)场:在人工投石、投海参礁区、大叶藻和大型藻类缺乏或是不足的自然海区,可建造人工藻(林)场,改善环境条件。简便易行的方法是,增殖或拟定建造藻(林)场区域,投放裙带菜孢子叶,投放量掌握在1公顷投

100千克孢子叶,每年的5～6月,裙带菜孢子叶业已成熟时,可采集回来,用尼龙网袋装之,每网袋孢子叶重约15千克,然后将网袋口扎紧,为防止网袋被风浪、潮流冲走,每个网袋须掷系一块重40千克左右的石块或小水泥构物。投放时,将网袋连同石块一起投到指定海区,一般3～4年以后,在海底石礁上和海参礁上,就能形成茂密的裙带菜林。另外,还可以在沙泥底质移植大叶藻或播撒大叶藻种子,以期形成大叶藻林。海带、裙带菜、海底沉筏养殖,也是一种有效方法。

(3) 放流苗种规格及放流方法:

1) 放流苗种规格:随着刺参人工育苗技术的日臻成熟,每年都能够生产数百万头、上千万头幼参用于增养殖。然而,用于放流增殖的幼参苗种,规格尚未完全一致。山东省海水养殖研究所(1983)试验表明,放流0.5厘米的稚参315万头,生长至体长9～10厘米的幼参,生存量与放流体长1厘米参苗10.046万头生长至9厘米～10厘米幼参的生存量,数量相当。他们认为,放流上述二种规格的苗种,尽管成活率上差异较大,前者为0.4～0.6%,后者为12.8～18.5%,但实际效果相差不明显。显然,即使放流体长0.5厘米左右的稚参,也是可行的。辽宁省海洋水产研究所认为,放流的规格应为体长1.5～2厘米的幼参,至少应放流体长不低于1厘米的变色参。国外日本学者认为,当年参苗生长至体长3厘米左右,正值自然海域水温下降期,幼参放流后在适温范围内能活泼摄食,快速生长,建议放流苗种规格在体长3厘米左右。

1985年,黄海水产研究所在蓬莱海珍品增殖中心所属海域,进行不同规格苗种放流效果试验,选择沙泥夹乱石底质,水深4米左右的海区,设A、B、C三个试验点,每点间距50

米,每点面积 1 300 米^2,投石 100 米^3。1985 年 9 月,在 A,B,C 分别投放体长 25 毫米、10 毫米、5 毫米的人工参苗 1 万头。1986 年 4 月调查结果,见表 1-38。A 点刺参分布密度,最大为 8.3 头/米^2,其密度增加幅度为试验前的近 12 倍,体重 90 克以下的 1 龄参,试验前为 0,试验后为 20%,这意味着新增加 20%的个体为人工放流苗,按试验调查面积 1 300 平方米计算,新增 1 龄参 2 190 头,为放流数量的 21.9%。小林信(1983)报道,在泥沙质海底,用乱石筑建海参礁,放流体长19.5 毫米的苗种 $10×10^3$ 头,约一年后体长达到 115 毫米,生存 $3×10^3$,存生率为 30%。本试验 A 点结果,与其相似。虽然 B,C 两点分布密度也明显增加,分别达到 6.6 头/米^2 和 6.7 头/米^2。但是,体重 90 克以下的个体,数量比例不仅没有增加,反而明显减少,这意味着该二点苗种放流后的存活数量不多,在该海区放流体长 10 毫米以下的苗种是否适宜,尚须探讨。

表 1-38 不同规格苗种放流效果试验

日期 项目 调查点	1985 年 5 月(本底调查)			1986 年 4 月			放流种苗规格(毫米)
	平均密度(头/米^2)	体重组成(%)		平均密度(头/米^2)	体重组成(%)		
		90 克以下	90 克以上		90 克以下	90 克以上	
A	0.6	0	100	8.3	20	80	25
B	1.6	38	62	6.6	33	67	10
C	1.9	69	31	6.7	30	70	5

1986 年,在潮间带采用直径 100 厘米、高 80 厘米的水泥圆筒,进行不同规格苗种放流效果小型试验,试验结果,见表 1-39。试验表明,体长 6.2 毫米组,25 天存活率仅为 8.4%;12.5 和 21.2 毫米组,25 天后的存在率,分别达到 58.4%和 47.6%。

体长10毫米以内的人工苗种,个体虚弱,难以适应剧烈的环境改变,易受敌害生物的侵袭。在自然海域中,海流、风浪、浮泥、敌害严重威胁它们的生存,绝大多数被淘汰,存活率极低。体长10~20毫米的幼参,对自然环境有一定的承受能力和适应性,但对敌害生物的抵御能力差。因此,体长10~20毫米的参苗,宜在敌害生物少,尤其是海盘车少的海域放流。

在室内人工培育条件下,稚参发育至体长25毫米以上,幼参大致需2.5~3个月,此时自然海区水温已经逐渐下降,处于刺参生长适温期,幼参放流自然海区后,活动频繁,摄食旺盛,身体强壮,能够适应剧烈地环境变化,对敌害生物的抵御能力增强,存活率明显提高。因此,在一般海区放流体长2.5厘米左右的人工参苗是适宜的,存活率可达到30%以上。近几年,在实际生产中,幼参放流规格有偏大的趋势,有的地区当年参苗越冬后,翌年春季体长达8~10厘米以上时再放流,春季风浪少,海况平稳,且幼参规格大,成活率可望达到100%。

2)放流方法:在海况充分调查的基础上,确定放流海区的地点和范围。必要时,对海区环境进行适当地改造。一切准备工作完成后,即可着手人工苗种放流。苗种放流前的数天内,应对放流海区内敌害或是可疑敌害生物,如海盘车、日本鲟等进行彻底地清除,最简便的办法就是潜水员到海底捕捉。同时,放流时的天气状况,也应特别注意。目前,按照人工苗种的生长速度,达到体长2.5厘米的时间,一般在10月中旬以后,自然放流季节多在秋季。我国北方山东、辽宁、河北三省秋冬季,沿海受西北风、东北风侵袭的机会多,风浪大,不利于苗种放流。因此,苗种放流时,应认真听气象台的天气预报,选择无大风浪、非大潮汐的日子进行。

表1-39 采用水泥圆筒不同规格苗种放流效果试验

日期 项目 试验组	9月10日			10月5日						备注
	数量（头）	平均值		数量（头）	平均值		总体重（毫克）	每头平均日增重（毫克/头·日）	存活率	增重率	
		体重（毫克）	体长（毫米）		体重（毫克）	体长（毫米）					
1	250	288	21.2	119	742	35.2	22262	18.36	47.6	262.2	筒内发现有数个海胆,筒附近有12头幼参
2	250	53	12.5	146	396	27.3	11885	13.72	58.4	747.2	
3	250	8	6.2	21	93	16.9	1862	3.4	8.4	1162.5	筒内海胆数个

苗种放流，一般由潜水员完成。预先将参苗按 2 000～4 000 头的密度，分袋于聚乙烯网袋内(规格 40 厘米×30 厘米，网目孔径 1 毫米)，网袋置于容积 0.5 米^3 注满海水的水槽内，每槽可放置 20～25 袋，乘船载至参苗放流区，如若乘船时间过长，沿途应适当给水槽换水。放流时间，应选择最低潮、平潮时间，由潜水员携带参苗袋潜入海底打开网袋口，紧贴石礁、参礁，将参苗轻轻分撒在石礁、参礁上，幼参着底后很快潜伏下来，难以发现。如若放流区域六线鱼、黑鲷等鱼类数量较多，可在放苗前先由潜水员在异地投撒鼠尾藻粉碎液，鱼类会向鼠尾藻粉碎液处聚集，潜水员可乘机按上述方法，将参苗撒于石礁上。

参苗放流，也可采用网箱放流法。该法是当参苗运至放流水域时，先将网袋内的参苗，移到预先准备好的梯形或园筒形、方形网箱内，网箱由铁筋支撑。网衣网目孔径 1 毫米，然后潜水员携带网箱沉于海底，且将网箱在海底固定牢，避免被风浪冲走，再将网箱下边打开让参苗自行爬出散开。

(4) 苗种放流后的管理：刺参移动性较差，只要条件适宜，一般不会作长距离的移动，经常情况下，每天的爬行距离 5～8 米。幼参浅水处放流后，在相当长的时间内，仍停留在放流区域，随着成长个体体重的增加，逐渐由浅水向 8～15 米的深水区移动。放流苗的成长，随海区条件的不同，有较大的差异，一般放流 1 年后，个体体重多数为 16～85 克，两年多为 56～125 克，放流 3 年多数达 250 克以上，达到商品规格。从幼参放流直至达商品规格捕获上市，需 3 年时间。这期间，海区管理主要措施如下：

1) 保护幼参，提高幼参的成活率：苗种放流前，尽可能捕捉净放流海区可疑的幼参敌害生物,如海盘车、日本鲟等,采用网箱放流时,需经常潜水观察网箱固定的牢固程度,如有松动应及时加牢,以免网箱流失苗种。放流后,不能随意采集放流区内的大叶藻及大型藻,如海蒿子、鼠尾藻等,以免连同藻体一起将幼参也取上来。

2) 增殖海区的看护:由于刺参移动性弱,生活水深较浅,很容易发生偷捕现象,有时会给生产经营者带来严重的经济损失。因此,海区看护尤为重要,需要安排专人昼夜连续看护,封闭增殖区,特别是 3～7 月、10～12 月刺参正常活动、摄食时期。

3) 积极做好资源的繁殖保护:严格规定采捕规格,尽可能将春季捕获,改为秋季扑获,增加海区亲体自然繁生后代的机会,规定禁渔期,实行轮捕。

(5) 放流苗种的标志:为了研究参苗放流后的成活、成长、移动,对苗种放流增殖效果有科学的判定,有必要进行放流苗种的标志。但是,由于刺参特有的生物学习性、极强的再生性和排异性,迄今尚未找到简便易行、行之有效的方法。目前,仅有几种在实验室内进行、在短期内尚能识别的方法,简介如下,以供参考。

标志牌法:本方法可用于成参或体长 10 厘米左右的幼参,在身体的背部或侧部,用针刺穿扎由尼龙细丝系的塑料标志牌(规格为 4×8 毫米),由于刺参自身的排异性,在体肤上系尼龙细丝的二端穿孔距离,会逐渐靠扰,最后牌和尼龙细丝一起,被挤出体外,而刺参个体皮肤完好无损,看不到针扎位置,也没留下任何的疤痕。因此,该法不能长时间采用,标志牌多在 10 天内脱落。

烙印法:本方法可用于体长3～4厘米以上各种规格的幼参及成参。本方法采用直径0.5毫米的铬镍合金线,将它弯成铲状,并通电(60～100伏交流电)加热,然后用它接触海参背部的皮肤,接触时间约1秒钟,由于炽热化的铬镍合金线,接触到体肤的瞬间,会在接触部位造成烙印。同时,合金温度也随之下降,不会过度损伤体组织,烙伤处3天即可愈合,也不会出现因烙印死亡的现象。依这种烙印作为标志,烙印的深浅程度,可用不同粗细的铬镍合金丝来调节。此种方法,简单易行,但烙印识别时间,仅在3个月左右。采用此法,可观察放流苗3个月以内的移动、成活、成长。

四环素注射法:把1克的盐酸四环素,溶解到100毫升的海水,配制成注射液,可在海参的任何部位注射,注射量每头0.2毫升。由于四环素对温度和pH值均很敏感,因此应随用随配。注射应在海参活动、摄食旺盛的季节进行。标志识别时,需将所捕获的海参,全部解剖取出体内消化道上的石灰环,用5%的次氯酸钠溶液处理后,用萤光显微镜在紫外线照射下进行观察。被标志沉积有四环素的海参,石灰环有明显的萤光,利用此法识别的准确率高,识别时间也长。但是,由于方法繁琐、复杂,生产中使用多有不便,尚须进一步改进。

2. 亲参移植增殖

在天然刺参资源较少或资源遭到破坏,或者虽适于刺参栖息生长,但尚未发现有刺参分布的海区,除了可采用人工苗种放流增殖方法外,还可采用亲参移植增殖。

亲参移植,就是在海区进行必要的环境改造之后,移植部分亲参于该海区。亲参数量适当多一些,投放时不必潜水,只是在小潮汛最低潮的平潮时间,从船上将亲参撒于增殖区即可,亲参会很快沉于海底,移植海区要严加管理,切实做好繁殖保护工作。经过2年~3年的努力,刺参资源可成倍或几倍地增长。

二、刺参养殖技术

刺参养殖试验,在日本从80年代已开始,并取得了肯定的结果。日本岩手县水产试验场气仙分场,曾进行刺参养殖试验,他们研究的重点是饵料问题。气仙分场用海胆和鲍鱼的人工配合饵料,以笼养方式对刺参做养殖效果对比,发现海胆饵料效果好,生长快,增肉多。石川县用海胆的人工配合饵料养殖海参,3年后体长17厘米,体重300克,提前1年上市,利率为87.5%。

我国从80年代起,已陆续开展了人工养殖尝试。1982年,上海水产学院肖树旭等,在山东省威海市海带育苗场进行刺参人工养殖试验。1979年,黄海水产研究所在荣成市和马山港海参养殖场,在自然海区进行围网养殖试验,主要目的是对一些瘦小个体(体重60克左右)投饵"催肥",加快生长,饵料为人工配合饵料,经过2个月的试验,摄取人工配合饵料的海参增重,是空白组(仅依赖自然海区的天然饵料)的3倍。1981年,黄海研究所与崂山县港东村合作,在室外水泥池(50米^3)内对体长1厘米的刺参苗种进行养殖试验,结果表明,养殖1年幼参成活率为64%,死亡高峰发生在放养初期,1~2个月内,幼参生长的适宜温度5℃~17℃,最适水温10℃~15℃。

进入80年代中期以后,随着人工育苗技术的完善,能够批量供应各种规格的人工苗种,促进了刺参养殖业的发展。迄今已进行了海上筏式笼养、陆上室内池养、海上沉笼养殖、坑

道养殖、池塘养殖、潮间带梯田养殖、控温工厂化养殖等多种形式的尝试。现将其中主要几种方法简介如下:

(一) 海上沉笼养殖

选择风浪小、潮流畅通、平缓、无淡水注入、管理操作方便的内湾,作为养殖海区。将直径70厘米、高30厘米的园形养殖笼,系绳沉于海底,且用坠石固定牢,避免养殖笼在海底翻滚,每笼放养体长2~3厘米的参苗250~300头,定时投喂以马尾藻、石莼或者其他藻的藻粉为主的人工配合饵料,每笼投饵40克~100克,每周一次经1~2个月的养殖后,根据刺参的大小,再分笼养殖,一般3个月内体长能增长2.3~4.7倍,成活率85%~95%,个体越大,成活率越高。

(二) 人工池塘养殖

国家海洋局第一海洋研究所乔聚海(1988),从1986年起在威海双岛湾威海市盐场,进行刺参池塘养殖试验,初获成功。

1. 养殖池建造

建造人工池塘,以长方形(84×31米)南北走向为好,也可以利用对虾养殖池。在池塘的南、北二端,各设一个进、排水闸门,闸门宽1米,高1.5米,该池海水的更换依靠自然纳潮,每天换水量3%左右,池内水深70~120厘米,经常保持70~90厘米,池内投放以86—2型为主(用瓦错缝叠加而成),86～1型为辅(用水泥将三片瓦按一定角度粘连而成)的人工海参礁共74排,每排三层,排与排之间相距50厘米,每3排的间隔增加100厘米。

2. 参苗放养

采用二种方法:一种是直接投放,就是将参苗投入池塘,大个体苗种(体长5~6厘米)采用此法。在池塘内设4个不同放养密度试验区,高密度5~7头/米²,中密度3~4头/米²,低密度1头/米²及不投参苗区,按不同密度试验区需要参苗的数量,直接投入该试验区内。

另一种是网袋投放法,体长1~2厘米的小个体参苗,采用此法。将参苗按每袋40~60头的数量,装入20目的网袋中,网袋内装小石块,以防网袋漂浮和移动,网袋微扎半开口,让参苗自行从网袋中爬出。

3. 结果

刺参苗在池塘内皆能顺利地度过夏季和初冬季节,放养密度以10~20头/米²为宜,养殖1.5年,12.37%的个体体重平均达到179.6克,达到商品规格,50.51%的个体体重为50~120克,37.12%的个体体重为21~50克,成活率约35%。

表1-40 参池底质成分含量

站号	P(%)	有机质(%)	全氮(%)	备注
Y_1	0.043	1.02	0.075	
Y_2	0.018	0.96	0.063	刺参高密度区
平均值	0.031	0.99	0.067	
Y_3	0.039	1.24	0.076	
Y_4	0.029	1.92	0.112	刺参中密度区
平均值	0.034	1.58	0.094	
Y_5	0.040	2.76	0.179	
Y_6	0.023	1.98	1.077	无参区
平均值	0.032	2.36	0.128	

(依乔聚海)

利用养虾池养殖刺参,由于刺参的摄食可以净化虾池的底质,现场肉眼观察,可以看出,刺参栖息密度大的地方,表层土质颜色呈灰色或灰白色,栖息密度小,或者没有刺参的地方,表层土呈灰黑色或黑色,通过表层土质分析,同样表明,刺参密度小,或者无刺参的地方,有机质含量,远远高于生长密度大的地方(见表1—40)。

(三)潮间带梯田养殖

1. 梯田建造

在潮间带从低潮线或者中潮附近开始,或者利用地质地形的特点,用石块加钢筋水泥筑堤,围成梯田,梯田最深处堤高100~150厘米,在堤上插固直径2厘米左右的钢筋,钢筋长度要高于海水表面,钢筋间距3~5米,钢筋上吊挂直至水面网目2厘米左右的网片,风浪大的海区,在堤外应设置散石护堤。根据梯田面积,在堤上设置1至数个闸门,以利水的交换。

池内可投石、海参礁、汽车外轮胎等提供刺参栖息场所。投石以堆放为主,散铺为辅,每亩投石80~100 米^3,或者投海参礁40~60个。池内石头和海参礁上,尽量繁生大型藻类,如裙带、石莼、鼠尾藻、鹿角菜、鸡毛菜等。沙泥质,移大叶藻,以改善环境,为刺参提供饵料。

2. 苗种放养

放养苗种规格偏大为好,一般可放养体重5~10克的幼参,放养密度20头/米^{2}左右为宜。投放时,可直接将幼参撒于池内石头或海参礁上。

3. 日常管理

由于梯田养殖一般都是高密度,因此日常管理尤为重要,主要应注意以下几点:

(1)保持梯田内水质清新,每日纳潮,保持潮流畅通,视梯田内污物累积情况,不定期地进行清除,保持水质;

（2）人工投饵：在养殖密度高达 20～30 头/米² 的状况下，完全依赖自然饵料，难以满足刺参对饵料数量的要求，尤其是在刺参活动、摄食盛期，因此应适当添加人工配合饵料，予以补充。一般在 3～6 月、10～12 月期间，适当投喂人工配合饵料；

（3）加强梯田护理：堤坝发现有泄漏，网片有破损应及时修补。每日退潮后，应巡视梯田，将梯田内的可疑敌害生物，日本鲟、海盘车等清除。另外，注意观察刺参的活动情况，发现有刺参向田外逃逸，应及时捕回。

4. 养殖效果实例

烟台市水产研究所在牟平养马岛东端、挡浪坝南侧中潮区建一养殖池，长 110 米，宽 30 米，面积 3 300 米²，池内最大水深 1.8 米，大潮能全部退出，池东南角有一自然换水闸，闸口宽 3.2 米，池东北、西北各设一个进、排水闸，闸门宽 0.5 米，池内投石 155 米³，呈堆状、散状、平铺状，投瓦片 500 张，扇贝养殖筒 300 只。1987 年投平均体重 59.4 克的参苗 21 450 头。1988 年 4 月，投平均体重 12.2 克的参苗 8 044 头，1988～1989 年，二次回捕 10 044 头，回捕率 34.1%，平均躯体重 88.2 克，（体重约 160 克），加工后获得干品 69.18 千克，平均亩产干参 14.1 千克。

（四）人工控温工厂化养殖

1. 养殖方法的理论依据

黄海水产研究所(1992～1994)，对刺参夏眠习性进行系统、全面的研究，采用人工降温的低温饲育与自然水温的常温饲育相结合的方法，探讨刺参夏眠致因及解除方法。降温饲育：实验期间各年龄组群正常摄食，每头平均日摄食量亲参

0.184 克,1 龄 0.165 克,2 龄 0.317 克,2～3 龄 0.315 克,3 龄以上 0.412 克;消化道形态正常,小肠组织结构完好无缺;性腺退化不明显,肉眼可辨雌雄,处于成熟期或排放期;体重呈正增长,每头平均日增重 1 龄 0.534 克,2 龄 0.410 克,2～3 龄 0.875 克,3 龄以上 0.06 克。常温饲育各年龄组群随温度升高,日摄食量逐渐降低,直至停止摄食,消化道退化显著,小肠组织结构仅留有外表皮、肌肉、内表皮;性腺退化迅速难以发现,肉眼难辨雌雄,处于休止期;体重呈负增长,每头日平均增重 1 龄～0.648 克,2 龄～0.753 克,2 龄～3 龄～1.227 克,3 龄以上～1.818 克;研究结果完全论证了水温是刺参夏眠的主要外因。在高水温夏眠期,采用人工降温可以解除夏眠,而转入正常地活动、摄食、成长,从而完全可以避免由于刺参夏眠减重,对人工养殖造成的弊端,这就为人工控温工厂化养殖,提供了重要的理论依据。

2. 养殖方法

(1) 控温方法:目前,最经济的控温方法有:①夏季用海带育苗排放的低温水进行降温,冬季用鲍鱼苗种培育排放的升温水进行升温;②利用坑道冬暖夏凉的地温特点调节水温,在夏季最高水温 21℃左右,冬季最低水温 7℃～8℃;③海水深水井:该井井水温度,一般冬季 12℃～13℃左右,夏季 15℃～16℃左右,是刺参养殖的适宜温度。但盐度要格外注意,一般养殖用水盐度不应低于 26,随着人工控温工厂化养殖技术的不断完善,经济效益不断提高,采用全控温恒温养殖法,也并非是不可能的。

(2) 养殖池建造:为减少养殖室规模,充分利用空间和减少能量损耗,降低养殖成本,一般可在室内建造多层(3～5 层)立体养殖池,养殖池可用砖水泥结构或者框架塑料水槽,养殖池规格可为 200 厘米×80 厘米×40 厘米,二层间距 50

~60厘米,养殖中期后,每个养殖池用2~3块有孔塑料波板隔为上、下二层。

(3) 苗种放养:苗种放养规格,可根据当地的具体情况而定,一般不要小于体长2厘米,最好3~5厘米。放养密度体长3~5厘米的种苗,单层放养40~50头/米^2、双层放养80~90头/米^{2}为宜。苗种应先投放到池内吊挂的网箱里(20目)养殖,当养殖2~3个月后,可撤去网箱参苗直接移到池内,苗种放养前应消毒,一般可用$5×10^{-6}$~$10×10^{-6}$(5~10ppm)呋喃西林药浴。

(4) 日常管理:

1) 水的管理:试验表明(表1-41),刺参的适宜生长水温为10℃~17℃,最适生长水温10℃~11℃。养殖水水温,可根据具体条件控制在最适温度范围内。养殖期间流水培育,为节省能源,降低成本,水可从最上层自上而下逐层循环利用,每日水交换量为3~8个量程为宜。

2) 投饵:投喂人工配合饵料,每日上午和傍晚各一次,日投饵量依控温条件而变化,一般在体重的1‰~10‰范围内。

3) 清池和倒池:为保持池内水质,应及时清池和倒池,一般每天清池一次,用虹吸法清除池内粪便和残饵。倒池是改善水质的有效方法,一般10~15天进行一次,如若水质发生意外,则应及时倒池处理。

4) 病害防治:目前为止,在刺参养殖期间,病害发生尚不严重,而且一旦发病可以控制,尽管如此也不能掉以轻心。一般容易出现的病害,一是猛水蚤的伤害,可用$2×10^{-6}$~$3×10^{-6}$(2~3ppm)的敌百虫杀灭;二是皮肤溃烂,主要在高水温时(>10℃),容易出现,可用药$3×10^{-6}$~$5×10^{-6}$(3~5ppm)呋喃西林或者土霉素$10×10^{-6}$~$15×10^{-6}$(10~15ppm)药浴。

表1-41 不同水温对刺参成活、成长的影响

组别	A 6~7℃			B 10~11℃			C 14~15℃			D 15~17℃			E 自然水温18~27℃		
体重(克) 日期	1	2	平均	1	2	平均	1	2	平均	1	2	平均	1	2	平均
8月20日	54.2	58.2	56.2	57.4	56.0	56.7	64.6	56.4	60.5	58.4	48.0	53.2	56.6	53.2	54.9
8月30日	51.5	56.6	54.1	57.8	56.0	56.9	61.8	57.0	59.4	60.2	52.0	56.1	43.3	52.7	48.0
9月14日	47.0	47.7	47.2	58.8	55.7	57.3	58.2	55.7	57.0	54.8	54.3	54.6	37.5	52.3	44.9
10月1日	51.6	61.6	56.6	67.2	62.4	64.8	64.8	61.0	62.9	62.8	63.3	63.1	46.0	43.0	44.5
10月16日	56.6	56.8	56.7	72.4	66.6	69.5	68.2	59.2	63.7	57.6	57.3	57.5	46.8	38.7	42.8

表1-42 不同时期刺参的成长

日期	95.11	95.12	96.1	96.2	96.3	96.4	96.5	96.6	96.7	96.8	96.9	96.10	96.11	96.12	97.3
平均体重 克/只	3.17	4.29	8.99	18.42	29.97	36.96	46.11	69.30	67.22	60.48	63.21	76.34	109.8	140.0	186.6
水温 ℃	10.6	10.7	13.3	13.9	15.6	12.2	14.5	18.8	21.8	16.5	14.6	15.3	9.8	11.4	13.0

3. 养殖实例

黄海水产研究所(1995～1997)与蓬莱鸿盛海珍品增养殖公司，使用在该公司鲍苗中间培育车间进行，控温工厂化养殖。该车间养殖池为三层结构，容积为 0.6 米^3 的水泥池，每池隔置 2 块黑色有孔塑料波板。养殖用水，夏季利用该公司海带育苗车间排放的冷却水降温，冬季利用鲍育苗中间培育排放的升温水升温，进行温度控制，全年日平均水温 13.1℃。1995 年 11 月 3 日，以每池 100 头的密度，放养平均体重 3.17 克的当年参苗，总养殖面积 200 米^2，流水培养，日流水量 3～8 个量程，每日投饵 1～2 次，饵料为人工配合饵料，日投饵量为体重的 1%～5%。养殖 16 个月，刺参平均体重由 3.17 克增至 186.6 克，最大个体 367 克，成活率 80% 以上，平均单位面积产量 10.02 千克/米^2，(见表 1-42)，效果特别显著。

第四节 刺参加工利用

一、刺参干品加工技术

我国传统习惯，是将刺参加工成干品，食用时可发制。近几年，生、活、鲜海产品，格外受到人们的钟爱，鲜吃海参也逐渐兴起，但销售主要的仍然是干品。干品加工，要严格掌握加工工艺，一般分四道工序：皮参处理——第一次煮——第二次煮——拌灰、灰参晒干。

1. 皮参处理

就是将鲜活参用剪刀从肛门沿背部向前剖开一个长约占体长 1/3 的切口，然后将内脏包括消化道呼吸树、生殖腺等取出，体腔液也随之排出，只余下体壁部分称为皮参。然后，将皮参集中盛于桶内，在整个操作过程中，要保持清洁，严禁接触油物。

2. 第一次煮沸

关键是皮参与水的数量搭配要适当,煮的火候要掌握恰当,水量要至少淹没皮参,煮的火候要掌握至少切口发白躯体发红。煮时要用锅铲不断上下翻动,及时捞出泡沫,煮好后将皮参捞出加盐50%～70%,淹置7～8天或半个月。

3. 第二次煮

皮参淹制7～8天以上时,可将皮参连同原汤一起倒入锅内,进行第二次煮沸,待煮到捞出后参便立即干固,并有"白霜"即可。

4. 拌灰,传统加工

采用柞木炭灰,目前一般采用草木灰,将煮好的参空干水分后,倒入灰槽中与灰充分搅拌,后将参置于凉席上晒干即成。

二、刺参肠和性腺的加工技术

刺参肠和性腺加工品,在日本视为美味佳品极受欢迎,价格昂贵;一个性腺制品价格为6000日元。80年代以来,国内已陆续开始加工出口日本。

1. 刺参肠盐渍品的加工

主要工序为,蓄养吐沙～剖腹取肠～洗涤除泥沙～加盐盐渍～包装冷藏。

蓄养吐沙,就是将捕捞的刺参,置于附有铁丝筛网的蓄养池内,蓄养1～2天。蓄养过程中,刺参所排的粪便经筛网沉到池底。刺参蓄养密度不宜过大,以免吐脏,且要经常换水,保持水质清新。剖腹取肠,剖腹方法同干品加工,剖腹后要仔细摘下肠道,防止断裂和破损,刺参蓄养剖腹后,并非所有的个体肠道内的泥沙都能排除干净,往往仍残留少量的泥沙,需要人工挤出,或者用筷子仔细地将肠道翻过来,然后将肠充分洗涤,直至无泥沙为止。加盐盐渍,肠道洗净后控去水分,加盐,加盐量为1.805千克的肠加盐0.18～0.22千克,加盐后充分搅拌、盐渍,最后将盐渍的刺参肠装入容器(竹筒)冷藏即可,一般在生产季节37.59千克的刺参,可加工刺参肠470克。

2. 刺参性腺的加工

5～6月捕捞的刺参,其性腺发育好,数量多,色泽鲜艳,可供加工。当刺参剖腹后,取性腺,将其加工成宽12～15厘米,高12厘米的倒三角形,一般一个刺参性腺可加工一个倒三角形,然后挂在绳上晾晒而成,要求必须当天晒干,质量上乘,因此,性腺加工必须选择好天气。

第五节 我国几种主要经济海参品种

一、海参科 Holothuriidae

(一) 白底靴参 [*Actinopyga mauritiana* (Qucy & Gaimard)]

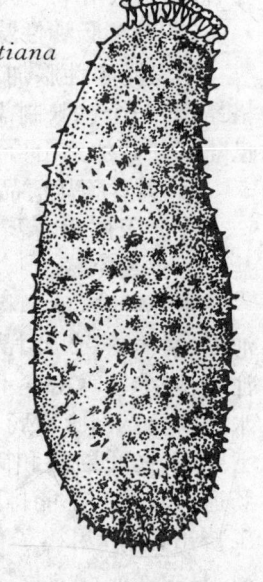

这是产于我国西沙群岛及海南岛南部的易见品种,也是重要的食用海参之一。品质优良,分布较广,是热带海中的广栖性的经济海参。

白底靴参,也称"靴海参"。生活时长约30厘米,身体后部常较粗壮。背部常为橄榄青褐色,疣的基部有白环,腹面颜色较浅。加工成品背面为黑褐色,腹面为灰白色,因此渔民称它为"白底靴参",也称"白底辐肛参"(图1—17)。

图1—17 白底靴参外部形态

(二) 石参 [*Actinopyga lecanora* (Jaeger)]

是我国西沙群岛出产的重要食用海参之一,当地渔民也称为"黄瓜参"。它在受刺激时,身体收缩的很厉害,变得硬似石头而得"石参"之名称。日本称之为"子安贝参",是因为加工后它的样子和花纹有些象子安贝(宝贝)的缘故。石参是一种上等参,品质很好。

石参在生活时,背部为黄褐或紫褐色,但颜色深浅变化很大,并有许多灰白色,不规则的横斑,特别是肛门周围和附近,一定为灰白色,这是本种海参的一个重要特征(图1—18)。

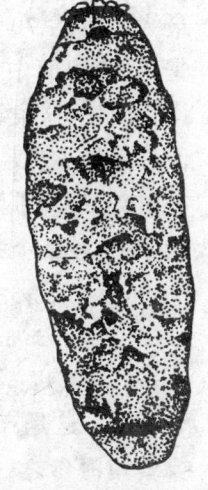

图 1-18 石参外部形态

(三) 黑乳参 (乌圆参)

[*Holothuria nobilis* (Selenkz)]

主要产于我国南海。这是一种品质优良的食用海参,南洋各地称它为乳房参,我国西沙群岛渔民称为"乌尼"。它的滋补性很大,特别是对医疗妇女月经病及产后催乳等,有较大功能。

生活时,全体为黑色,背面散生少数灰白色斑点,腹面色泽常较浅,触手为黄色,骨片多而发达。加工后,常显出灰白色云斑。

(四) 糙参 (明玉参) [*Holothuria scabra* (Jaeger)]

这是一种我国南海易见的食用海参。体大肉厚,品质尚佳,但骨片太多,表面粗糙。我国多称为明玉参,广东宝安地区

117

亦称"白参"。

生活时,体中一般30～40厘米,最大者可达70厘米。它的突出特点是,沿着腹面中央线有一条明显的纵沟,加工后这条纵沟仍很明显。身体背面有无数小疣足,各疣足的基部,常围有白斑,顶端带黑色,腹面管足成细疣状,散生在整个腹面(图1-19)。

（五）图纹白尼参

[*Bohadschia marmorata* (Jaeger)]

这是产于我国西沙群岛的主要食用海参之一,当地渔民称"白瓜"或"白乳参"。

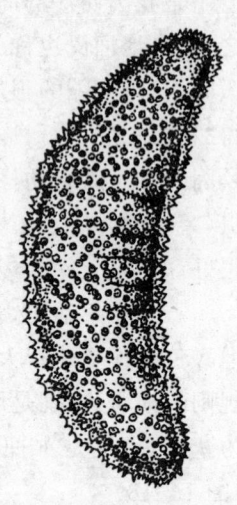

图1-19 糙参外部形态

生活时,体长约30厘米,宽约8厘米,身体肥胖前后一般粗。背面为浅黄褐色,前后有两块赤褐色大横斑或地图形斑。

二、刺参科 Stichopodidae

除刺参以外还有：

（一）绿刺参（*Stichopus chloronotus Boandt*）

这种海参,产于我国西沙群岛和海南岛南部,产量较大,也是主要的食用海参品种之一。渔民亦称"方柱参",是因为它的身体像四方柱状。

生活的个体,一般长约30厘米,四方柱形。颜色很特别,全体为绿色、黑绿或少带青黑色,肉刺的顶端为桔黄或桔红色,是一种极易认识的海参。骨片浅层为桌形体,深层为C形体(图1—20)。

(二)梅花参 [*Thelenota ananas* (Jaeger)]

这是一种很著名的海参,体长一般在60~70厘米,宽约10厘米,高约8厘米。据记载,最大者可达90~120厘米,它是海参纲中最大的一种。背部的肉刺很大,每3~11个肉刺的基部相连,有点像梅花瓣状,因此称之为"梅花参",个别地方也称为"凤梨参"。骨片为纤细的X形体或颗粒体。

此参是南海所产的最好品种,体大肉厚,品质优良。是我国南海重要的人工养殖对象。

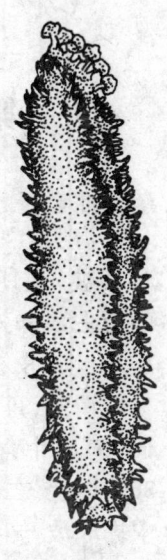

图1—20
绿刺参外形

第二章 海胆增养殖技术

海胆,广泛分布于世界各地的沿海海域。海胆的经济价值早就被人们所认识,用生殖腺加工制成的海胆酱,含有丰富的蛋白质和对人体有益的激素,其蛋白质含量为15.8%,脂肪含量为8.5%,糖类含量2.2%,是名贵的海产珍品,日本人称之谓"云丹"。另外,海胆性腺的提取物,还有很高的医药价值,海胆中含有二十烷酸($C_{19}H_{39}COOH$),约占总脂肪酸的30%以上。二十烷酸可有效地预防心血管疾病,还可以从海胆中提取波乃利宁(Bohellinin),这是一种抑制癌细胞生长的药物。海胆的棘刺和壳均可入药,"中药志"记载,海胆具"软坚散结","化痰消肿"之功效。海胆壳可治胃及十二指肠溃疡和颈淋巴结结核,棘刺磨粉可治中耳炎等。

海胆由于自身具备的营养价值和药用、保健功能,致使其加工产品长久以来受到世界各国人民的青睐,国际市场供不应求,仅日本每年就需从国外进口近5 000吨,价值1.5亿美元左右的海胆产品,海胆价格日益高涨。经济利益的驱动,使海胆捕捞生产迅速增加。1989年,世界主要出产国海胆产量,美国2 950吨,日本20 414吨,智利5 527吨,韩国5 770吨,原苏联4 770吨,我国海胆年产量仅千余吨,加工海胆酱最高年产量仅230余吨。过度的捕捞生产,导致海胆资源量的减少或衰竭,如日本由1986年的23 076吨逐年下降,韩国1976年1 000吨,1980年3 338吨,1986年达最高7 751吨之后,年产量持续下滑,1989年5 770吨,1990年降至4 325吨,1992年仅为2 476吨。

为了增加海胆资源和提高年产量,以满足日益增长的市场需要,一些国家开始进行海胆人工增养殖的开发,且已经获得明显的效果。

第一节 海胆生物学

一、分类及分布

海胆属棘皮动物门(Echinopermata),海胆纲(Echinoidea)。全世界现存的海胆类大约有850余种,中国有100余种,分属两个亚纲七个目,其中仅有少数几种具有较高经济价值,有捕捞生产和增养殖意义,如拱齿目(Camardonta)球海胆科(Strongylocentrotidae)的马粪海胆[*Hemicentrotus pulcherrimus* (A. Agassig)]和光棘球海胆[*Strongylocentrotus nudus* (A. Agassig)]及长海胆科(Echinometridae)的紫海胆[*Anthocidaris crassispina* (A. Agassig)]等。

海胆分布于世界各地海域,以印度洋、西太平洋海域种类最多,垂直分布从潮间带直到水深5 000米深海。我国主要经济品种的分布,马粪海胆分布于黄海、渤海沿岸,向南可至浙江、福建等地;光棘球海胆是北方种,主要分布于山东半岛、辽东半岛,以大连、长海、长岛和荣成等县市分布最多;紫海胆是南方种,主要分布在我国南方的浙江、福建、台湾、广东和海南等省。

二、形态

食用海胆大多数种类为半球形,在自然状态下动物的口极向下，反口极（面）向上。内骨骼由许多紧密相联结的钙质骨板组成胆壳，胆壳由步带、间步带和顶系、围口部组成。步带和间步带各有5列骨板，二者相间排列形成胆壳的主体，每二列成一组，故成五辐射状，每列又由多块骨板组成，每组仅步带区有管足孔，管足由此孔伸缩于壳内外，间步带区则无管足。步带和间步带上有突出的疣，疣分大、中、小三种，疣上分别有大、中、小棘。疣突为棘刺的着生处，二者之间有肌肉相连可活动。正形类的海胆，棘长而尖锐，数目较少，排列有序。歪形类的海胆，棘短排列无序，一部分棘异化为扁平铲状，便于挖掘泥沙，以利潜入沙底，壳外还包有一层皮肤，皮肤突起形成皮鳃。

顶系位于胆壳的背面中央，由包括围肛部、五块生殖板和五块眼板三部分组成。生殖板对着间步带，眼板对着步带区，两者相间排列。生殖板上有生殖孔，其中第二块生殖板特别大，而且上面有许多小孔兼有筛板的作用，故又称筛板。眼板上有一个眼孔，辐水管末端穿出孔，具有感觉作用。围肛部是由大小不同的许多块围肛板组成，正形类海胆，肛门多在中央，少数种类的肛门开口于肛门锥上，歪形类海胆的围肛部，已移到壳的下缘且靠近口部附近。

围口部位于腹部中央。正形类海胆的围口部，多为柔软的膜质，膜质中常有少数的骨板，在口的周围排列5对规则的口板，各板上有一个管足。歪形类海胆的围口部，多偏于壳的前方，横而圆形，由许多石灰质小板组成。小板上无管足。围口部后面的一个间步带板较大，称为唇板。其后，又接有一个或一对较大而突起的步带板，称为楯板。

海胆口有一个构造复杂的特殊咀嚼器，称为亚里斯多德提灯，呈圆锥形，它由五个辐射排列的尖锐的齿，一套骨板以及肌束等组成,齿的尖端突出口外,咀嚼器的内端与食道相接。海胆的肠相当长,约为体高的数倍,在体腔内盘旋2次,以肠系膜挂在胆壳内壁上,肠最后部为直肠通过反面开口肛门。

三、生态习性

食用海胆类,多数喜欢栖息在阴暗的岩礁缝中和珊瑚礁内石块下,或者藻场(林)中,有些种类常聚集成大群。有些种能用齿在岩礁上钻孔或凿洞,而栖息其中。歪形类海胆,主要潜伏在沙内,深度可达20厘米。海胆借助管足和棘的运动在海底爬行,运动比较缓慢,平均每5分钟仅能爬行数十毫米。有些种常用管足牢固吸附于石块、碎贝壳及海藻叶上隐蔽,躲光,避敌,有些种白天隐蔽,夜间觅食。

海胆类用管足和钳棘捕捉食物,以咀嚼器磨碎而吞食。食物因种而异,有的吃藻类,有的杂食,什么都吃,有的为腐食性,主要吃其他动物的尸体,还有的吃石头、珊瑚礁表面的附着生物。歪形类海胆,主要吃腐殖质、有机碎屑等。海胆对食物消化、吸收率很高,食藻类的海胆,对海藻的吸收率为30%～40%。海胆的再生能力相当强,棘和其他外部器官损伤后,都能再生,壳的裂痕和断口也能很快恢复。海胆类为雌雄异体,从外部形状很难分辨,正形类海胆普通每个个体有5个生殖腺,歪形类海胆每个个体常只有2～4个生殖腺。生殖时,精子和卵子被排出体外,在水中受精,经过多次变态后才发育至稚海胆。

第二节 主要经济品种的形态及生态习性

一、马粪海胆(*Hemicentrotus pulcherrimus* A. Agassig)

壳为低半球形,很坚固,最大壳径可达6厘米左右,壳高度约等于壳的半径,步带的赤道部,几乎和间步带等宽,骨板很矮,上边的疣又很密集,故各骨板的界限不很清楚。赤道部各步带板上有大疣、中疣和小疣,管足孔每4对排列成很斜的弧形,斜的程度几乎成了水平位置,间步带稍隆起,各间步带上也有大疣、中疣和小疣。

顶系稍隆起,第1,5眼板接触围肛部,生殖板和眼板上都密生小疣,棘短而尖锐,长仅5~6毫米,密生在壳的表面。棘的颜色变化很大,普通为暗绿色,有的带紫色、灰红、灰白、褐或赤褐色,也有白色的,还有的上端为白色或赤褐色。壳为暗绿色或灰绿色,见图2-1。

图2-1 马粪海胆

马粪海胆一般栖息在潮间带到水深4米的砂砾底和海藻繁茂的岩礁间。海胆的栖息量与光条件、生活空间、栖息底质、饵料供应、海水交换等多方面有密切关系。尤其是马粪海胆,除冬季外,其余季节均集中在石下栖息,因此石下生活环境的质和量,对栖息数量有很大的影响。松井魁报道,长径50~60厘米的石下,海胆栖息数量多,平均1.7~3.4个/石,长径60厘米以上的石头利用率高。井上泰等报道,小型岩礁和大型乱石处栖息多,同时在岩礁之间碎石多的场所,海胆的栖息密度大。势村一均的调查结果表明,在露出或半埋没状态下,长径20厘米以下的乱石占一半以上的区域,生活空间多,海底流畅通栖息数量多,砂质地,生活空间少,栖息数量也小。

马粪海胆以藻类为食,尤其嗜食藻类的幼苗,主要有石纯、海带、裙带、马尾藻、羊栖菜、石花菜等。其摄食有一定的规律性,马粪海胆并不是一找到食物就停下来摄食,而是先集中搜索一段时间,收集到一定量的海藻再停下来摄食,这就形成觅食活动的间歇,摄食完后又进行新的搜索活动。一般说,大个体海胆昼间觅食活动强于夜间觅食活动,幼稚胆恰好相反,夜间觅食活动明显强于昼间觅食活动。

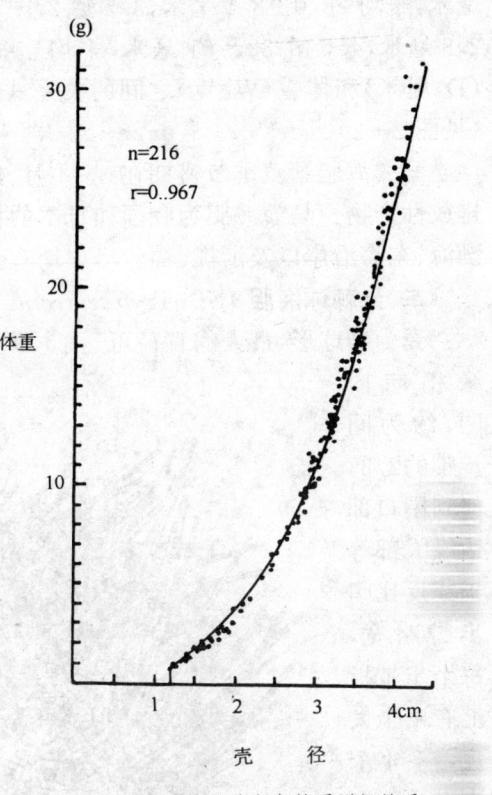

图2—2 马粪海胆壳径与体重增长关系

年龄与成长的关系,也随不同海区、生活条件的不同而异。今井报道,在神奈川县1龄壳径15毫米,2龄22.2毫米,3龄33.3毫米,4龄40.9毫米。井上报道,山口县的马粪海胆,1龄壳径16.4~18.1毫米,2龄21.1~26.6毫米,3龄34.4~36.9毫米,4龄40.4~41.7毫米。势村报道,岛根县中部海域1龄13~24毫米,平均15±2.9毫米,2.5龄18~38

毫米,平均 28.0±3.0 毫米,3.5 龄 27~45 毫米,平均 35.8±2.8 毫米,4.5 龄 32~51 毫米,平均 41.2±2.8 毫米。壳径(D,厘米)和体重(W.克)之间的关系式为 $W=0.501 \times D^{2814}$(见图 2-2)。

马粪海胆繁殖季节盛期在 3~4 月,1~2 月,5~6 月均能排放性产物。马粪海胆为我国和日本的特有种,在我国黄海、渤海、东海沿岸以及浙江、福建沿岸均有分布。

二、光棘球海胆（*Strongylocentrotus nudus* A. Agassig）

壳为半球形,最大的直径可达 10 厘米。面平坦,围口部边缘稍向内凹,约为间步带的2/3,但到围口部边缘大部等于或反比间步带略宽,每个步带板上有 1 个大疣,2~4 个中疣,和多个小疣。管足孔每 6~7 对排列成斜弧。赤道部各间步带板上有一个大疣,大疣的上方和两侧有 15~22 个大小不等的中疣和小疣,排列成半环形,把各板上的大疣分隔开,每个大疣的基部周围有疣轮(见图 2-3)。

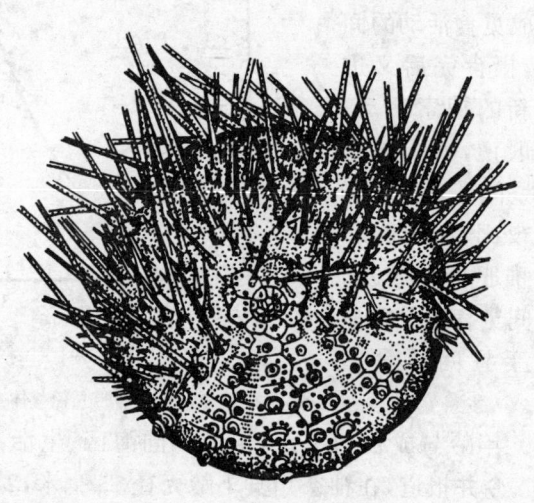

图 2-3　光棘球海胆

顶系稍隆起,第1,5眼板接触围肛部,围肛部近乎圆形,肛门偏于后方。大棘很粗壮,赤道部的大棘长约3厘米,表面有纵条痕,上部较细,末端成折断形。管足内有C形骨片,它的二端稍膨大,并且有二分岐状的突起,成体的棘为黑紫色,幼胆的棘为紫褐或黑褐色,管足为黑褐或紫褐色,壳为灰绿色或灰紫色。光棘球海胆生活在潮间带以下到水深180米处,海藻多的砾石、岩礁底,对盐度要求较高,一般在34左右;光棘球海胆的分布场所,要比虾夷马粪海胆狭窄,它的岩礁性更强。

不同年龄的光棘球海胆,其栖息的水深也有所不同。在水深0~2.5米处,在6月以6~9龄为主,在9月和2月以7~10龄为主,几乎没有发现不满5龄的个体,在水深3~8.9米处,以5~7龄种群为主,低龄和高龄个体也可发现,水深9米~12米处,9龄以上组群个体特别多,同时也能发现低龄个体。0~1龄群,主要分布在水深3~8.9米处。

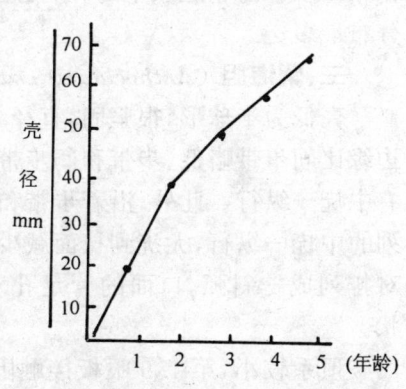

图2-4 光棘球海胆年龄与壳径的关系

稚幼胆营附着性生活,主要附着于岩礁、海藻体上,它要求的环境条件与成体还有所差异,在岩礁和大型乱石交错排列、海底起伏高低不平的底质栖息量大。因此,在此种底质,水深3~8.9米地带,是光棘球海胆稚幼胆的主要附着生活场所。

光棘球海胆生长较快,3龄壳径为48毫米,5龄为70毫米,最大个体壳径可达 105 毫米,以壳径 60~70 毫米的个体数量最多(见图 2-4)。

光棘球海胆以藻类为主要饵料,尤其喜食藻类的幼苗,能损害海带和裙带菜的幼苗,幼胆则以底栖硅藻和有机碎屑为饵。摄食有季节变化,随着水温上升,摄食量逐渐增加。但是,在繁殖季节,随着性腺发育,摄食量反而下降。繁殖季节盛期是 6 月中旬到 7 月中旬。

光球棘海胆是我国的北方种(又名大连紫海胆),主要分布在山东半岛和辽东半岛,以大连、长岛、长海、和荣成等县市分布最多。

三、紫海胆(*Anthocidaris crassispina* A. Agassig)

壳低为半球形,很坚固,直径 6~7 厘米,步间带到围口部边缘比间步带略低,步带和间步带各有大疣两纵行,其两侧各有中疣一纵行。此外,沿着步带和间步带的中线,还有交错排列的中疣一纵行,大疣到口面减少。赤道部的管足孔普通是 8 对排列成一斜弧,口面的管足孔对数减少,有孔带展宽成瓣状。

顶系较小,第 1.5 眼板接触围肛部,大棘强大而尖锐,常发达不均衡,一侧长,一侧短。管足内有弓形骨片,它的两端尖细,背面常有一个发达的突起,变成三叉状。

全体黑紫色,幼小个体的棘常为灰褐、灰绿、紫色或红紫色,口面的棘常带斑纹。本种和光棘球海胆相似,但是两者的管足孔对数和管足内的骨片形状不同,有孔部到口面展宽与否及围口部的大小也不相同(图 2-5)。

紫海胆是我国的南方种,生活在沿岸藻类繁盛的岩礁地带,主要分布在浙江、福建、台湾、广东和海南省等地。

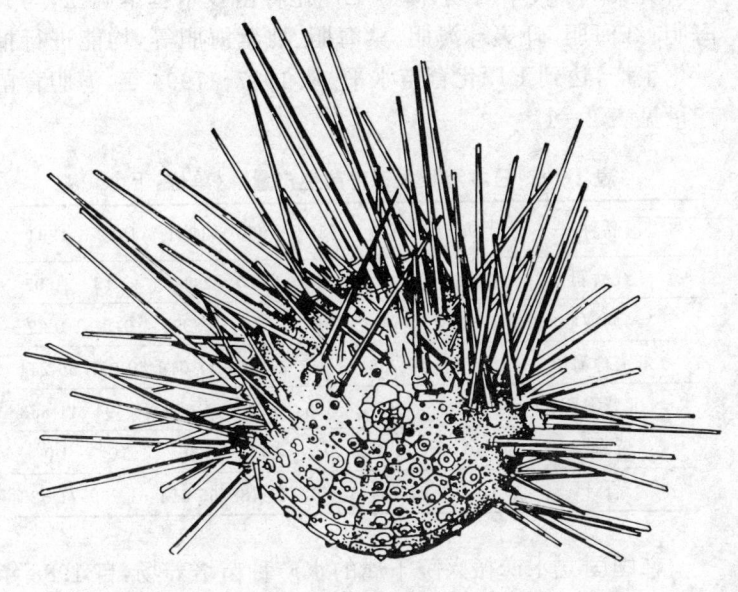

图 2-5 紫海胆

第三节 人工育苗技术

一、国内外人工育苗发展概况

日本早在60年代,就开始对海胆的人工育苗的生物学开展研究,先后研究了海胆的性腺发育特点、胚胎和幼体发育、以及胚体和幼体的生态习性。70年代中、后期,进行了海胆工厂化育苗技术的开发,先后对育苗工艺的几个主要环节产卵、幼体饵料种类、幼体变态机理和促进变态方法,幼体、稚胆培育,以及理、化、生物因子,适宜指标范围等,进行了不同程度的研究,80年代中后期,海胆工厂化育苗技术基本确立,马粪海胆、红海胆、虾夷球海胆、紫海胆、北紫海胆等,均能进行批量化生产,达到工厂化育苗水平。从1987~1994年,海胆育苗产量见表2-1。

表2-1 日本海胆人工育苗生产量 (单位:千个)

品种	1987	1988	1989	1990	1991	1992	1994
红海胆	1 669	2 254	2 172	1 837	2 962	4 019	2 807
马粪海胆	638	455	756	627	839	919	922
虾夷球海胆	7 167	16 758	23 067	31 666	47 048	49 837	56 244
北紫海胆	1 410	1 667	4 605	5 313	4 629	6 594	11 553
紫海胆	0	0	0	45	36	10	0
合计	10 884	21 134	30 600	39 488	55 514	61 369	71 526

韩国国立水产振兴院下属的水产种苗培养场,自1988年开始,进行海胆人工育苗生产,但苗种生产量尚不多,见表2-2。

表2-2 韩国海胆种苗生产现况 (单位:千个)

年度	1988	1989	1990	1991	1992
合计	50	100	150	250	350
紫海胆	50	100	150	50	200
虾夷球海胆	—	—	—	200	150

我国黄海水产研究所早在50~60年代,就进行了海胆人工育苗生物学的研究。70年代以来,山东海洋学院、辽宁省海

洋水产研究所、国家海洋局第一海洋研究所,以及黄海水产研究所等单位,先后对马粪海胆、光棘球海胆的人工育苗技术进行了研究。80年代,辽宁省由国外引进虾夷球海胆进行增养殖及人工育苗技术的探讨。目前,海胆类人工育苗技术初步确立,尚需进一步完善。

二、繁殖生物学

（一）海胆性腺发育

海胆为雌雄异体,从外部形态难以发现性别特征,难以区别雌雄,只有通过解剖取出性腺,由性腺的外部形态和组织切片,才能予以区分。

海胆类生殖腺发育(见图2—6)可分五个期:

Ⅰ恢复期:卵巢,多数卵原细胞和小的卵母细胞,散布在滤泡壁上。精巢,精原细胞和精母细胞,沿滤泡壁形成薄薄一层。

Ⅱ成长期:卵巢,卵原细胞数量减少,小的卵母细胞数量增多,呈带状排列。精巢,精原细胞和精母细胞,在滤泡周围急速发育,成厚厚一层,尚未出现精子。

Ⅲ成熟前期:卵巢,多数大而圆的卵母细胞排列成带状,滤泡中央滤泡腔内出现成熟卵。精巢,精母细胞和精子数量显著增加,精子形成且活泼,精子向滤泡中央移动。

Ⅳ成熟后期:卵巢,大型的卵母细胞和成熟卵,充满滤泡内腔精巢,滤泡内充满精子,精子大量聚集呈卷涡状。

Ⅴ排放期:卵巢,滤泡中央出现空隙,可见少数尚未排放的成熟卵和卵原细胞。精巢,精子数量锐减,精巢滤泡腔内出现空隙。

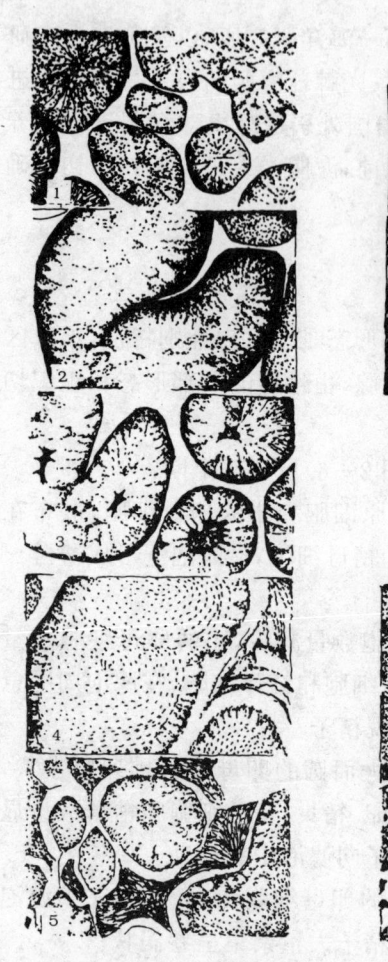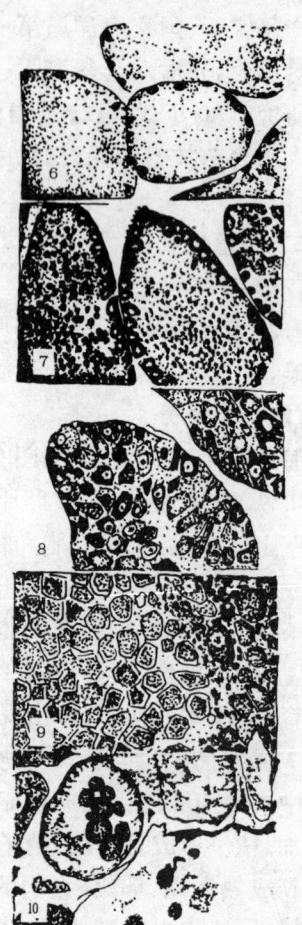

图 2—6 海胆类性腺发育
1. 雄,产精后恢复期 2. 雄,成长期 3. 雄,成熟前期 4. 雄,成熟期
5. 雄,产精期 6. 雌,产卵后恢复期 7. 雌,生长期 8. 雌,成熟前期
9. 雌,成熟期 10. 雌,产卵期

(二) 生殖习性

1. 马粪海胆

马粪海胆在 12 月下旬,雄性个体开始性成熟,生殖腺指数为 11%～24%,此时雌性个体卵巢尚不成熟,生殖腺指数 12.3%～25%;1 月份,雌性个体生殖腺指数可达 28.5%,雄性个体可达 23.7%;2 月份,雌性个体生殖腺指数最高仍为 28.3%,一直保持到 5 月份。个体越大成熟越早,但是壳径 50 毫米以上的大个体,5 月份性腺基本排空退化。繁殖盛期,从 3 月中旬到 4 月中旬(见图 2-7 马粪海胆生殖腺发育季节变化),水温 13℃ 左右。繁殖生物学最小型的个体为壳径 25 毫米。产卵量依个体大小而异,壳径 30～40 毫米的个体,产卵量为 300～500 万粒,卵径 110～120 微米。

2. 光棘球海胆

6 月份雄性个体性腺已经开始成熟,但雌性个体性腺尚不成熟。到 7 月底、8 月初,海胆群体性腺指数达到最高值(12%～16%),最高个体性腺指数达 20% 以上。8 月中旬,海胆性腺成熟最好,水温 20℃～26℃ 进入产卵盛期。个体越大,性成熟越早。繁殖生物学最小型为壳径 48 毫米。壳径 60～80 毫米的光棘球海胆产卵量为 400～600 万粒,卵径 110～130 微米。

3. 紫海胆

繁殖期为 4～9 月,最盛为 5 月下旬到 7 月下旬。壳径 40～50 毫米的紫海胆,能产 400～600 万粒卵。

4. 虾夷球海胆

由国外引进的品种,在日本,虾夷球海胆不同水域其性腺发育和产卵期也各有异。在根室湾,4 月下旬性腺指数平均值

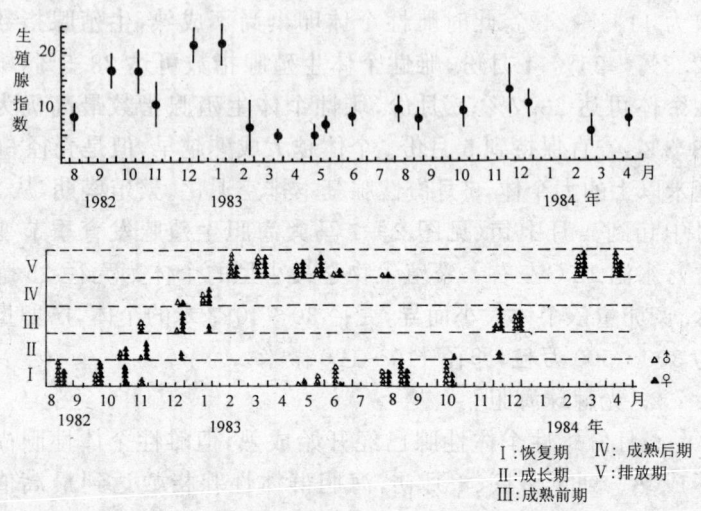

Ⅰ：恢复期　Ⅳ：成熟后期
Ⅱ：成长期　Ⅴ：排放期
Ⅲ：成熟前期

图 2-7　马粪海胆性腺发育及生殖腺指数季节变化

达 18.8%，5 月下旬增至 21.3%，性腺指数在 20% 以上者，占总体数的 50% 以上，到 6 月下旬性腺指数急剧降至 7.3%，性腺指数 10% 以下者占总数的 70%，产卵期从 5～6 月下旬，水温 10℃ 左右为产卵盛期。

在齿舞，从 4 月到 7 月性腺指数的平均值为 20% 以上，特别是 5、6 月性腺指数达 20% 以上的个体，约占总数的 80%，7 月下旬性腺指数下降出现 10% 以下的个体，9 月上旬性腺指数在 10% 以下的个体，约占总数的 50%，性腺指数平均值急剧下降。7月下旬～9月上旬,为产卵盛期。

在日本北海道,虾夷球海胆从水温达到10℃的6月份开始,直至10月份都能产卵,产卵期较长。在日本的喷火湾,在春和秋季出现二个产卵期。在我国大连地区,产卵期大约在7月上旬～9月上旬。

(三)胚胎、幼体发育

海胆卵子为沉性卵,体外受精。受精后,经卵裂由多细胞发育至囊胚期。然后,经膜内旋转囊胚,脱膜旋转囊胚进入原肠期,这时囊胚的植物极一端变扁平,并逐渐向内陷入。在内陷的顶端及两侧,均有许多较大的细胞为间叶细胞。胚体再经原肠后期发育至棱柱幼体(Prism larva)。棱柱幼体的口叶(Ovallobe)突出,前端呈弧形。幼体左右二侧的三射骨针已长大,一支伸向幼体的后端,一支伸至幼体的前端。此期内,消化道未开通,尚不能摄食,幼体趋光性很强,多密聚于水表层,棱柱幼体进一步发育,幼体口叶的前端,由弧形变成一平面形,同时在相对面的左右二侧,突出一对肉芽状的幼体腕,即口后腕,伸入腕内的骨针称口后针。此时,在口叶的两侧,也有一对骨针即前侧针。由于幼体出现一对腕,而被称为早期长腕幼体,此时幼体消化道形成,开始从外界摄取食物。幼体的胃较大,呈圆囊形,即发育至4腕幼体,发育至4腕幼体后不久,在前侧腕和口后腕之间又生出一对后背腕,此时幼体称为六腕幼体。

六腕幼体,随着发育个体越来越大,结构也越来越复杂。在幼体的前侧腕的内侧,突出一对口前腕,至此幼体的四对腕全部形成,进入八腕幼体期。当口前腕生出不久,在接近幼体腕基部的部分,纤毛带成水平方向,突出于身体的表面,形成两条半环状的纤毛带,称为前肩片。同时,在幼体的后端,以同样方式形成两条半环状的纤毛带,称为后肩片。其排列方向在幼体的左右两侧,前后肩片随着幼体的发育明显地突出于体表,成为幼体的运动器官。肩片出现后不久,幼体身体左侧,逐渐变得平坦,前庭复合体(海胆基)明显可见。由于前庭复合体的日益增大,挤压了原来的幼体的胃。最后,前庭复合体的体积,可超过胃的体积。幼体的棘由体表生出,并逐渐增多。这时前庭复合体中 5 只初级管足,冲破前庭腔伸出体壁,成为幼体的运动器官。这样,幼体的腕逐渐消失,幼体由浮游生活转入底栖生活,幼体借助管足顶端的吸盘吸附在底质上,变态至稚海胆。生活方式由浮游向底栖改变,幼体的摄食习性,也由摄食浮游单细胞藻类转向摄食底栖硅藻类。

浮游幼体内海胆原基的正常发育,可促使幼体正常变态。近年来,日本学者通过试验证明,甲状腺素的含量,如果达不到一定的标准,海胆原基就得不到正常发育,直接影响幼体的变态。通过添加甲状腺素于饵料中,可促进幼体变态。

海胆发育因种类不同或环境条件,特别是水文条件差异而影响发育速度。马粪海胆在水温 14℃～17℃条件下,受精卵经 2 小时开始分裂为 2 个细胞,15 小时左右形成囊胚,26 小时进入原肠期,44 小时发育至棱柱幼体,66 小时四腕长腕幼体,10 天左右发育到八腕长腕幼体,11 天出现前后肩片,14 天前庭复合体中 5 个呈锯齿状的齿基明显突出,24 天出现棘,管足冲破前庭腔壁,26 天管足伸出幼体壁,28 天即可变为稚海胆(见表 2-3)。如果水温提高到 20℃左右,只需 17～18 天即可完成变态。

表2-3 海胆胚胎发育速度的比较

发育阶段	种名	
	光棘球海胆	马粪海胆
	水温23℃~24℃	水温14℃~17℃
	发育时间	
2细胞	受精后1小时	受精后2小时
4细胞	1:30	3:30
8细胞	2:0	4:30
16细胞	2:40	5:0
囊胚	5:30	15:0
囊胚自卵膜中孵出	10:0	22:0
原肠胚	15:0	26:0
棱柱幼虫	24:0	43:0
四腕长腕幼虫	42:0	66:0
八腕长腕幼虫	6~7天	9~10天
变态成幼海胆	19~20天	28~29天

(依海洋经济动物发生学图集)

光棘球海胆在水温21℃~24℃条件下,受精卵0.5小时第一次分裂,5.5小时进入囊胚期,15小时进入原肠期,6天发育至八腕长腕幼体,13天出现前庭复合体,19~20天变态为稚海胆。详见表2-3,海胆胚胎幼体发育见图2-8、图2-9。

三、海胆人工育苗

(一) 亲胆采捕和蓄养

用于培育幼体进行苗种生产的海胆,称为亲胆。亲胆质量的优劣,对所获得的受精卵质量至关重要,因此采捕亲胆必须注意亲胆的规格和采捕日期。一般马粪海胆的亲胆壳径30~

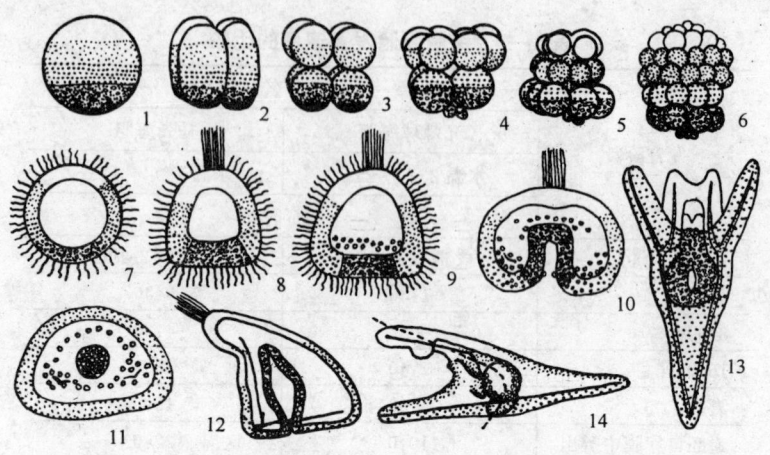

图 2-8 海胆卵裂形式与三胚层形成的关系

1~6. 早期卵裂 7. 囊胚切面观 8. 原肠作用开始 9. 小分裂球内陷后形成间叶 10. 原肠形成并以原口与外界相通 11. 同前期发育的横切面 12. 幼虫腹面变平,同时骨针开始由初级间叶泌成 13~14. 长腕幼虫的腹面观和侧面观

40毫米,采捕日期在3~4月。光棘球海胆的亲胆规格以壳径60~80毫米为宜,采捕日期7~8月份。紫海胆亲胆在7~9月份采捕为好。目前,为了提前育苗,当年培育大规格的苗种,不少生产单位采取亲胆促熟培养的方法,利用本方法亲胆要在产卵期前的3~4个月捕获,进行升温、投饵、人工蓄养,亲胆采捕数量,根据培育幼体的水体而定,大体掌握在每立方米水体可容纳2~4个亲胆所排放卵子受精后的幼体数为宜。采捕时要仔细,应避免亲胆受伤。

亲胆蓄养密度,以每立方水体40~100个为宜。早晚各换水一次,每次1/2,换水前清除蓄养池内的残饵、粪便及其他污物。蓄养期间,可适量投喂些海带、石莼等大型藻类。

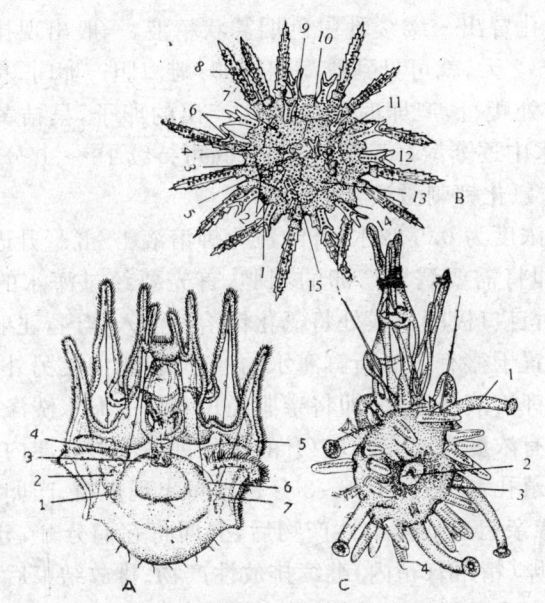

图 2-9 海胆长腕幼虫及幼海胆
A. 海胆长腕幼体：1. 左后体腔 2. 水体腔 3. 石管 4. 水孔 5. 肩片 6. 右后体腔 7. 棘钳原基
B. 幼海胆：1. 顶板Ⅳ 2. 棘钳 3. 生殖板3 4. 顶板Ⅲ 5. 发生中的围肛板 6. 幼体棘 7. 水孔 8. 成体棘 9. 生殖板2 10. 顶板Ⅱ 11. 生殖板1 12. 顶板Ⅰ 13. 生殖板5 14. 顶板Ⅴ 15. 生殖板4
C. 海胆的长腕幼虫(即将结束变态)：1. 初生管足；2. 成体口；3. 位于初生管足向口侧的新生管足；4. 成体棘。

(二) 采卵和孵化

目前，获得受精卵的方法主要有以下几种：

1. 自然产卵

采捕时机适当，性腺发育良好的亲胆，在蓄养期间，可自然排放性产物。一般晚间7～9时，亲胆活动频繁，沿池壁不断地爬行,此时可发现雄性海胆在池壁水表面处排精。排精时,从生殖孔冒出一缕缕乳白色烟雾状精液,一般出现排精的当天或1~2天,就可见到雌海胆产卵。雌海胆产卵时,也沿池壁水表面处爬行,产卵时从生殖孔产出的卵子,呈桔黄色绒线状,在水中逐渐散开下沉,产卵时间可持续15~30分钟。

2. 氯化钾刺激法

用浓度为0.5摩尔/升的氯化钾溶液1~3毫升进行体腔注射,即将需要诱导产卵的亲胆,首先要经过海水的充分洗涤,然后自口极围口膜处将氯化钾溶液注入体内,注射后立即将亲胆置于盛有过滤新鲜海水的产卵槽(箱内)。另外,也可以用氯化钾溶液浸泡法,即将亲胆经过充分的海水洗涤后,将其置于盛有浓度为0.5摩尔/升的氯化钾溶液的容器内,使溶液淹没生殖孔。一般浸泡1~3分钟即可出现排精、产卵的现象,当雄、雌亲胆出现排放性产物后,立即将它们分开,分别在不同的产卵(精)槽(箱内)继续排放性产物。排放结束后,选择质量好的卵子进行人工受精。精子产出后1小时内,具有正常受精能力,卵子产出后0.5小时内,受精正常。因此,人工受精应在产卵后0.5小时内进行为好。受精后10分钟,受精卵经过2~3次洗卵,然后即可移到孵化槽(池)内进行孵化。

3. 阴干流水升温刺激法

亲海胆阴干1.5~2小时后,流水刺激1小时,再移到高于原水温1℃~2℃的海水中,经过2~3小时,出现排精产卵的现象。此法成功率,视亲胆的性腺发育程度而异,一般马粪海胆可达40%左右,受精卵经过几次洗卵,除去多余的精子,即可移入孵化池(槽)孵化。

幼体孵出后,发育至棱柱幼体,即可进行选优,移入培育池进行幼体培育。

(三) 幼体培育

1. 幼体培育密度

幼体培育密度,与培育水体的大小有关。容积小的水体,环境容易控制,便于操作管理,培育密度可适当加大,如容积1米^{3}的塑料或玻璃钢水槽,幼体的培育密度可控制在0.7~1个/毫升的范围内。水泥池容积都在几个米^3,或者十几个米^3,幼体培育密度应适当减少,一般可控制在0.2~0.8个/毫升范围内,最适宜的密度为0.4~0.5个/毫升。

2. 幼体饵料

海胆浮游幼体长腕幼体,以浮游单细胞藻类为饵料,不同品种的单细胞饵料,对幼体的发育、成活和成长,均有明显的影响(表2-4、表2-5)。

由表2-4、表2-5中可看出,以角毛藻为饵的幼体,生长较快,培育到第12天幼体体长达731微米,腕长477微米。其次,是盐藻和叉鞭金藻,其体长、腕长分别为650微米和406微米,650微米和341微米。同时,以角毛藻为饵幼体发育快,成活率高,第9天已变成八腕幼体,第12天出现肩片和前庭复合体,第14天初生管足已突出前庭腔中,成活率平均达52%。而以叉鞭金藻、菱形藻、扁藻等为饵幼体,到第12天才发育至八腕幼体,同时其平均成活率也低,叉鞭金藻为47.69%,菱形藻17%,扁藻0%。因此,海胆幼体最适宜的单胞藻饵料品种为角毛藻,其次是叉鞭金藻和盐藻,其他品种可以为辅,作为搭配品种利用。但是,扁藻不能作为海胆的幼体饵料投喂。另外,作为幼体的饵料,还必须注意饵料的质量,要投饵处于繁殖盛期,饵料浓度大,无原生动物污染的单胞藻饵料。饵料浓度稀,饵料老化,以及饵料污染较严重,尽量不要投喂。投饵量应视幼体的培育密度、发育时期、个体大小、培育水温等因素的变化而异。一般掌握日投饵量,由幼体开始培育时的1~2万个细胞,逐渐增至4~6万个细胞/毫升。平时,培育水体中单胞藻饵料的数量,应维持在1万细胞/毫升的水平上。

表2-4 饵料对幼体生长发育的影响

生长(微米) 饵料种类 \ 培养天数	2 体长	2 腕长	4 体长	4 腕长	6 体长	6 腕长	8 体长	8 腕长	12 体长	12 腕长
叉鞭金藻	200	146	438	195	546	260	535	325	650	341
角毛藻	400	195	471	211	552	243	652	373	731	477
褐指藻	301	132	434	178	471	243	438	165	406	163
扁藻	422	162	438	178	422	195	406	160	406	159
小球藻	390	162	471	166	529	276	535	292	520	276
菱形藻	401	130	455	178	536	260	535	260	568	125
盐藻	406	160	438	178	533	260	531	325	650	406

表2-5 不同饵料培养海胆幼体的成活率

饵料种类	组别	水体(L)	培养(天)	四腕幼体数(个)	八腕幼体数(个)	平均(个)	成活率%	平均%
角毛藻	A	5	12	1 600	812	832	50.75	52.00
	B	5	12	1 600	852		53.25	
叉鞭金藻	A	5	12	1 600	825	763	51.63	47.69
	B	5	12	1 600	700		43.75	
叉鞭金藻加菱形藻	A	5	12	1 600	709	703	44.31	43.69
	B	5	12	1 600	698		43.62	
菱形藻	A	5	12	1 600	322	272	20.13	17.00
	B	5	12	1 600	222		13.88	
扁藻	A	5	12	1 600	0	0	0	0
	B	5	12	1 600	0		0	

(依王波)

3. 培育水温:不同的海胆幼体,需要不同的培育水温。在适宜范围内,水温越高,发育越快。

马粪海胆幼体在22℃~24℃条件下,幼体培育到第7天出现异常,21℃培育16天,发育到八腕后期幼体的成活率仅为6.5%,20℃幼体培育14天,八腕后期幼体出现率高达90%以上。因此,马粪海胆幼体培育的适宜水温17℃~20℃,最适水温20℃(详见表2-7、表2-8)。

表2-7 八腕后期幼体的数量及培育天数

培育水温(℃)	试验开始 幼体数(个)	试验结果 八腕后期幼体数(个)	八腕后期幼体比率(%)	培育天数(日)
16	200	36	18.0	23
17	200	134	67.0	23
18	200	141	70.5	22
19	200	153	76.5	20
20	200	171	85.5	16
21	200	13	6.5	16

(依伊藤史郎)

表2-8 培育16天时各温度组不同时期幼体数

培育水温(℃)	六腕长腕幼体(个)	八腕前期幼体(个)	八腕后期幼体(个)	合计(个)	成活率(%)
16	29	48	0	77	38.5
17	66	83	12	161	80.5
18	28	109	39	176	88.0
19	7	110	65	182	91
20	0	3	171	174	87.0
21	5	66	13	84	42.0

(依伊藤史郎)

紫海胆在不同水温条件下,受精卵发育到六腕长腕幼体的时间和比率,见表2-9。

由表2-9可见,紫海胆幼体培育水温,应控制在26℃~28℃范围内。在这种温度条件下,幼体培育期约11~13天。光棘球海胆幼体培育适温范围为20℃~24℃,在此范围内幼体培育期约20天左右。红海胆幼体培育适宜温度范围是17℃~21℃,最适温度为18℃~20℃,幼体成活率可达80%以上。

表2-9 不同水温对紫海胆幼体发育的影响

水温℃	天数	比率%
15	12	41
20	9	72
24	7	89
27	6	92
30	6	71
33	2	0
36	2	0

4. 培育水质:培育幼体用水,必须保持清新,应使用经过黑暗沉淀后的过滤自然海水。由于在幼体培育期间,每天都需向培育池内投入部分饵料培养液,同时培育水内也容易滋生大量的原生动物,如腹毛虫、尖鼻虫、纤毛虫等。这就容易败坏和污染培育水质,对幼体生长、发育,带来极不利的影响。因此,在幼体培育期间,为保持水质良好,应及时换水或流水。换水每天2次,每次为原水量1/2~1/3,也可以前期静水,中、后期开始换水,每天2次,每次1/2。换水时,需采用换水筛绢网箱,筛绢网目应在60~110微米之间,培育池内水经过网箱,由虹吸法排到池外,换水时应注意避免对幼体造成伤害

（具体操作可参考刺参幼体培育）。

幼体培育期间，沉积在池底的幼体粪便、残饵及其他污物，应及时清除，一般2～3天要清池底一次。清池底时，可采用吸底器，由虹吸法，将池底污物清除掉。如若虹吸出的池水内，尚有部分健康正常幼体，可以先通过筛绢网箱，然后再将浓缩于网箱内的健壮幼体返回培育池（见刺参幼体培育）。

表2-10　10米³水池幼体培育结果

日期	培育(天)	水温(℃)	投饵(×10⁴)	换水(%)	清底	四腕	六腕	八腕	八腕	成活率
10-20	采卵									
10-21	1	19.9	1.0							
10-22	2	19.9	1.0			100				
10-23	3	18.8	1.0			100				
10-24	4	19.0	1.2			100				100
10-25	5	19.3	1.4			96	4			
10-26	6	19.4	1.6	20		72	28			
10-27	7	19.5	2.0	25		2	98			
10-28	8	19.6	2.3	40			84	16		
10-29	9	19.6	2.7	40			6	94		
10-30	10	19.1	3.0	50				100		98
10-31	11	18.5	3.2	50				100		
11-01	12	19.6	3.5	50				94	6	
11-02	13	19.6	3.6	50				70	30	
11-03	14	19.6	3.8	50	*			70	90	79
11-04	15	19.4	3.8	50	*				100	
11-05	16	19.5	11.9	50	*				100	76
11-06	17	19.3								

（依伊东义信）

5. 病害防治：幼体培育期间，一般比较稳定，成活率也较高（表2-10）。但有时也会发生由于水质恶化，导致的病害出现，发病一般比较突然，急剧在1～2天内幼体大批死亡，严重时甚至全军覆灭。发病的时间,多从第 6 天开始,第 10 天大批死亡。镜检死亡的幼体,可见大量杆菌和丝状菌,腕部肉质溃烂,骨针外露。施用 10 克/米^3 的金霉素和 5 克/米^3 的氯霉素效果较好。

(四) 稚胆培育

1. 幼体变态和附着

幼体的变态是一个非常复杂的过程,它是物种系统进化演变而来的。在变态期间,动物的外部形态和内部构造,都会发生一系列的明显变化,同时其生活习性也随之改变。动物幼体在变态期的死亡率,一般都比较高,海胆幼体也是如此。因此,要提高幼体的变态率,提高单位水体稚胆的生产量,就必须掌握变态期间幼体的生态特点,并针对其特点,制定出合理的管理措施。

幼体变态与前期培育有密切关系,幼体健壮,形态正常,发育迅速的个体,变态十分顺利。因此,在浮游幼体的培育期内,加强管理,尽量满足幼体所需的各种理、化、生物因子指标,使幼体发育整齐、正常、充分、健壮,这是提高幼体变态率的根本途径。

海胆幼体变态还与环境条件有一定的关系。实验证明,预先附有底栖硅藻的附着基,有利于幼体变态(表 2—11)。同时,底栖硅藻数量多,变态率也高(表 2—12)。因此,底栖硅藻的有无和数量的多少,是促进海胆幼体变态的重要因素之一,附着基上应预先繁殖足够数量的底栖硅藻。另外,海胆幼体的变态,还与羊栖菜的有无有一定的关系,在底栖硅藻和羊栖菜并用的场合下,幼体变态率高(见表 2—13,表 2—14)。

表 2-11 底栖硅藻和附着的海胆幼体数

底栖硅藻	幼体数(个)	八腕幼体(个)	附着个体数				合计
			2小时		20小时		
			变态	未变态	变态	未变态	
有	30	27	29	0	0	0	29
有	30	27	26	0	3	0	29
无	30	27	0	0	0	0	0
无	30	27	0	0	0	1	1

表 2-12 底栖硅藻量和海胆幼体变态的关系

底栖硅藻质量(立升/米^3)	附着个体 个/平方厘米	变态率 %
1.5	8.6	57.7
2.5	37.1	75.0
3.7	52.1	96.3
6.2	64.2	99.3
7.3	80.0	100.0

表 2-13 马粪海胆、八腕后期幼体的变态状况

组别	实验八腕后期幼体个数	实验后第三天			实验后第五天			实验后第七天		
		八腕后期	变态中	变态结束后期	八腕后期	变态中	变态结束后期	八腕后期	变态中	变态结束
底栖硅藻	10	10	0	0	5	1	4	2	0	8
	10	10	0	0	5	4	5	4	1	5
底栖硅藻+羊栖菜	10	9	0	1	1	0	9	0	0	10
	10	6	0	4	1	0	9	0	0	10
羊栖菜	10	10	0	0	0	9	1	0	1	6	4	0
	10	10	0	0	0	9	1	0	6	4	0
底栖硅藻+羊栖菜浸液	10	9	0	1	3	0	7	0	0	10
	10	8	0	2	1	0	9	0	0	10
羊栖菜浸液	10	10	0	0	10	0	0	10	0	0
	10	10	0	0	10	0	0	10	0	0
海水	10	10	0	0	10	0	0	10	0	0
	10	10	0	0	10	0	0	10	0	0

(依伊藤史郎)

表 2-14 马粪海胆种苗生产试验结果

附苗方法	附着稚胆量				出苗量			
	日期	幼体数	附着数	附着率 %	平均壳径 (毫米)	日期	出苗个数	平均壳径 (毫米)	成活率 %
单用底栖硅藻	1988年 11月12日	49×10^4	20.6×10^4	42	0.48	1989年 4月21日-27日	10.2×10^4	12.6	49.5
底栖硅藻＋羊栖菜	1988年 11月12日	49×10^4	33.5×10^4	68.4	0.48	1989年 4月21日-26日	17.2×10^4	12.2	50.6

(依伊藤史郎)

海胆幼体附着基,以乙烯薄膜和透明乙烯波纹板为宜,规格可根据各地的具体情况而定。海胆幼体附着基,也可以和鲍鱼、海参采苗通用。

当幼体总量的90%发育到八腕后期幼体时,再经过2～4天,前庭复合体(海胆原基)出现并增大,充分发育,棘出现且增多,这时八腕后期幼体的5只初级管足,冲破前庭壁伸出体外,当30%左右的幼体,其管足由前庭复合体伸出时,即可投放附着基。投放附着基后,幼体会很快下沉附着,在不到1天时间内,可完成变态。稚胆在附着基的附着数量,与附着基的投放方式有一定关系,一般波纹横置,斜吊的波纹板,其稚胆的附着数量大于波纹纵置垂直吊挂的波纹板。

2. 稚胆培育

(1) 稚胆附着密度:变态至稚海胆后,海胆幼体由浮游习性改为匍匐行动,营底栖生活食性也随之改变,由原来的食浮游单细胞藻类,改食底栖硅藻。每个稚海胆,都需要一定的栖息面积来满足其活动和摄食要求。稚胆附着密度过大,每个稚胆的活动空间不足,饵料摄食不足,容易造成稚胆因营养不良而死亡的现象。稚胆附着密度过稀,附着基利用不充分,活动空间过剩,影响稚胆单位水体的出苗量。因此,稚胆培育密度应严格控制,浮游发育正常的八腕幼体,密度应控制在0.1个/毫升左右,稚胆附着密度应控制在1个/厘米^{2}左右为宜。

(2) 稚海胆的饵料:刚变态的稚海胆,壳径只有200～350微米,靠管足的吸盘吸附在底质上。此时,稚海胆以附着基上的底栖硅藻为饵。底栖硅藻种类,对稚海胆的成活影响很大。实验证明,底栖硅藻类以舟形硅藻(如 *Navicula ramosisslma*)饵料效果最好。因此,壳径1～2毫米内的稚海胆,用可纯种培养的 Navicula ramosissima 为饵,长到 2 毫米以后,可以混杂其他种底栖硅藻。

试验表明(图 2—10),壳径 1 毫米以上的稚海胆,能够摄食石莼等大型藻。另外,在育苗生产中,稚海胆死亡高峰时的平均壳径为 1.4 毫米,这显示和海胆在壳径 1 毫米以上时食性有改变,饵料由底栖硅藻逐渐转向大型藻类。因此,稚胆生长到 1 毫米以上时,可以投喂石莼、羊栖菜等大型藻类。

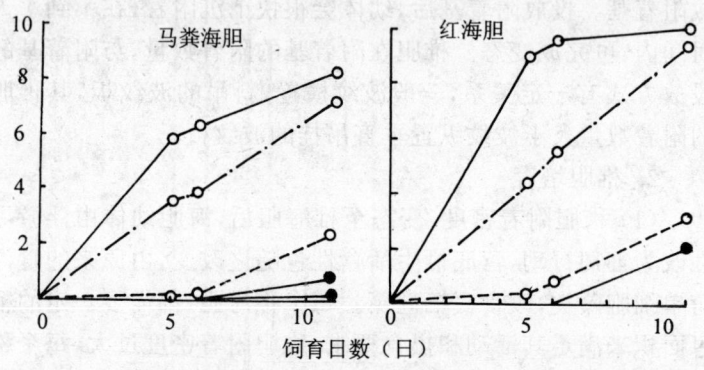

图 2—10 不同规格稚胆摄食海藻的状况
—— 大型组群(马粪海胆 3.5±0.4mm,红海胆 3.4mm)
-*- 中型组群(马粪海胆 2.3±0.2mm,红海胆 2.3mm)
…… 小型组群(马粪海胆 1.4±0.3mm,红海胆 1.2mm)
〇 石莼   * 裙带菜

(3)日常管理:八腕幼体后期,移入培养底栖硅藻的池内,1～2 天静水培养,幼体附着变态至稚海胆后,采用微通气,流水培育法,随着稚胆的成长,流水量逐渐增大。流水量由每天换水 100%～200%(1～2 个量程),增至 300%～500%(3 个～5 个量程)。室内光线控制在 2 000lx 以内为宜。

（4）中间培育：稚海胆长到 3～5 毫米以后，食性已完全转化为食多细胞大型藻类，此时可转入陆上网箱中间培育，或者海上网箱中间培育。海上中间培育的海区，应选择在潮流畅通的内湾，风浪、雨水影响小的场所。中间育成的设施见图 2—11。为了便于管理，网箱规格以 80 厘米×80 厘米×40 厘米为宜，网目规格初期可 2 毫米左右，随着稚海胆的成长，网目逐渐增大。放养密度与稚海胆的成活和成长有密切关系，适宜的放养密度，受海区自然环境条件和饵料管理的制约。一般来说一个育成笼（80 厘米×80 厘米×40 厘米）放养 2 000 个左右为宜，其成活率可达 80%～90%，饵料为石莼、浒苔、羊栖菜、海带、裙带菜等，每周一次投饵，日投饵量为体重的 5%～10%。

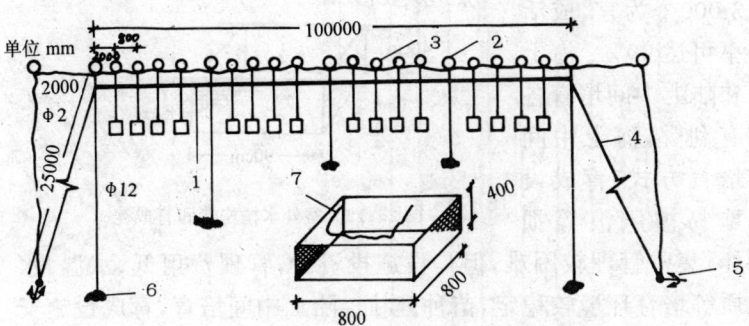

图 2—11　中间育成设施构造图
1. 鲠绳（⌀20）　2. 浮子（⌀360）　3. 浮子（⌀300）　4. 锚缆（⌀20）　5. 铁锚（100Kg）　6. 沙袋（60Kg）　7. 水产用闭锁

稚海胆的中间培育，还可采用陆上水泥池方式。水泥池规格可为 5 米×1 米×0.5 米，育成网箱规格 90 厘米×70 厘米×40 厘米，网目 3 毫米为宜，流水培育（见图 2—12），随着个体增长,网目应适当增大。水质好坏,是中间培育成功与否的关键。因此,日常管理过程中,必须严格控制培育水水质,及时排除池内的残饵、粪便及其他污物。必要时,应倒池,稚海胆的放养密度为一个网箱放养 2 000～3 000个为宜,成活率可达90%。海上和陆上中间培育各有利弊,海上中间培育方式,育成设施易被风浪等损

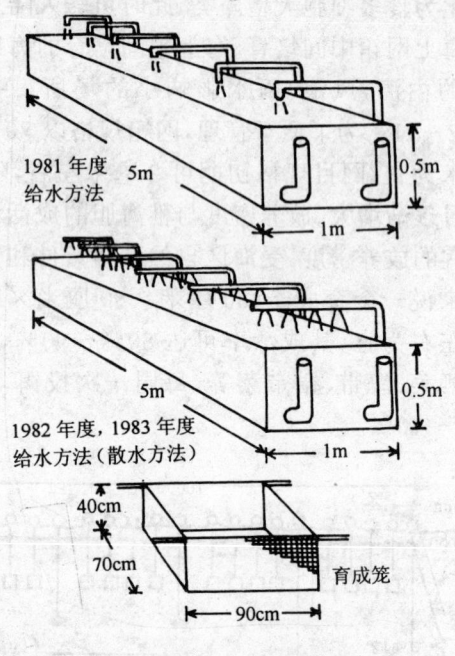

图 2—12 室外水槽构造和育成笼

坏,集中管理较困难,但是设施投资少,管理费用低,水温、水质等培育环境较稳定,苗种健壮。陆上中间培育,育成设施安全,用人少,可集中管理,但是设施投资大,管理费用多,水温、水质等培育环境不稳定,可以人为加以控制,若管理不当,苗种质量易出问题。

(5) 室内培育稚海胆的成长:在水泥池内培育5～7个月,然后进行网箱培育的条件下,稚海胆的成长见图2—13。马粪海胆孵化后7个月,平均壳径15.1±2.8毫米,1年后达

11.1~29.2毫米,平均20.6±4.4毫米。此后生长缓慢,1.5年和2年壳径分别达25.8±2.9毫米和26.6±2.1毫米。红海胆孵化后7个月,平均壳径16.1±3.7毫米和马粪海胆的生长速度相似,但1年后,两者的生长却出现显著差异:红海胆1年后,达16.4~33.3毫米,平均26.7±7.9毫米;1.5年和2年的平均壳径,分别达32.6±4.3毫米和38.4±3.5毫米。

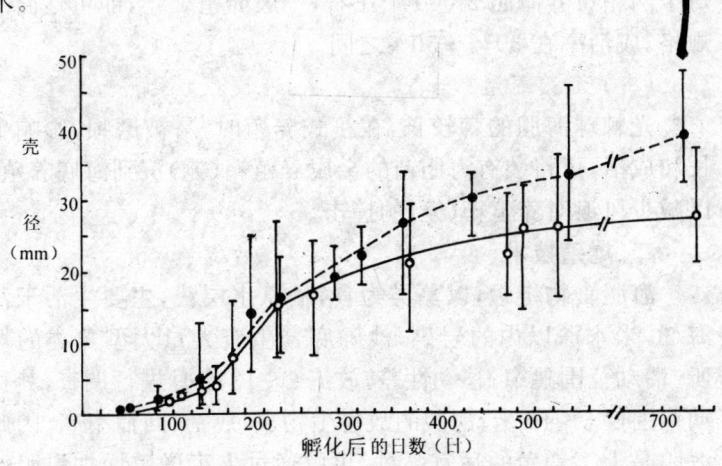

图2—13 人工苗种的成长

第四节 海胆增养殖技术

一、养殖技术

海胆的养殖,是当前急需解决的一个问题。但是,目前养殖品种少,养殖规模小,积累的经验少,主要有筏式养殖和沉箱养殖二种。

(一) 筏式养殖

将装有海胆的网箱(或笼)吊挂于海面浮绠上,一个0.3米×2米×1.3米的网箱,可放养壳径8~10毫米稚海胆2万个,每7~10天投饵一次,主要是鼠尾藻、海带、裙带菜、石莼、浒苔等。随着海胆的生长,要进行分笼稀疏,到达商品规格时,每个网箱可养海胆2 000个左右,一般养殖2年,即可达商品规格,成活率在30%~50%之间。

(二) 沉箱养殖

光棘球海胆的棘较长,在筏式养殖时,易被磨损,影响生长和成活,可将装有海胆苗的金属养殖箱(笼)沉到海底养殖,以减少风浪对养殖箱(笼)的撞击。

二、增殖技术

海胆食物链短,以藻类为食,栖息水层浅,主要生活于浅海20米水深以内的岩礁,沙砾底繁生有大量大型藻类的场所。活动范围狭窄,移动性差,放流2~13个月进行调查,其移动范围仅5~10米,海胆的敌害生物少,成活、回捕率高。因此海胆是人工增殖的适宜品种,可以通过人工增殖增加海胆的资源量和生产量。

(一) 人工苗种放流增殖

1. 放流海区

放流海区,应选择海流畅通、平缓、水质澄清、无污染、无淡水注入,大型海藻类繁茂,底质为夹杂岩礁的砂砾区,而且有自然幼胆栖息的场所更好。同时,还必须考虑到,与在该海区栖息的其他动物无严重的利害关系。如假若某海区是海胆的适宜增殖放流区,但该区内却栖息大量的鲍鱼,鲍鱼和海胆有明显的饵料上的激烈竞争,因此,不宜在该区放流稚海胆。

2. 放流海区的改造

某些海区自然环境条件,并非完全符合海胆苗种放流的需要。因此,必要时应对海区加以改造。通过人工投石筑礁,增加海胆的栖息场所,明显增加海胆资源。投放数量(M)和增殖海胆的产量(I)间的关系为 $I=6.016M$。资料表明,每投放50块大小为 40~50 千克的石块,能增产 10 千克马粪海胆的生殖腺。

海区的生活环境,特别是饵料资源量的多少,直接影响海胆苗种放流的增殖效果。在大型藻类缺乏或不足的海区,应建造藻场改善环境。藻场建造方法,可参考第一章海参增殖。藻场主要藻类品种为海带、裙带、石莼、浒苔、马尾藻、羊栖菜等。

3. 苗种放流

苗种规格,是影响放流效果的重要因素之一。苗种规格小,放流后对敌害的防御能力差。同时,对环境的适应能力也差,成活率极低。苗种规格过大,增大苗种育成成本,影响经济效益。适宜的放流苗种规格为壳径 10~15 毫米之间。日本海胆苗种生产规格和放流苗种规格,见表 2—15。

表 2—15　日本海胆苗种生产规格和放流苗种规格

规格\年份	1986	1987	1988	1989	1990
育苗幼胆(毫米)	11	9	7	9	9
放流幼胆(毫米)	16	15	13	15	13

增殖海区苗种放流密度,以 4～5 个/米² 为宜。放流时期,最好选择海胆生活的适温期,尽量避开高水温期。放流方式,主要有两种:

(1) 直接撒播法:在最低潮的平潮时间内,由潜水员将装有海胆的网袋带到海底,潜水员选择适于海胆栖息的地方,均匀地撒播。

(2) 箱式放流法:用木板制成方形木箱,木箱规格为 0.9 米×0.4 米×0.2 米,木板之间缝隙以不能漏出海胆为宜。每箱投入附有幼海胆的裙带菜,每箱放幼胆数量为 2 000 个,木箱外用网目 50 毫米×70 毫米的网衣包好。由潜水员安放在海底礁石上,箱体要固定好,免得被风浪、潮流冲走。将木箱上口的网衣剪开,幼胆可从箱内自由爬出疏散。

经过长途运输的苗种,容易导致苗种的活力低下,不利于放流后的成活。因此,在放流前,应有一段恢复体力、活力的暂养时间,待幼胆活力恢复后,再行放流为宜。箱式放流法,有利于幼胆活力恢复,但一旦敌害生物侵入到箱内,反而更容易造成幼胆的被食。另外,如若幼胆由箱内外移不及时的话,也会出现因箱内饵料不足,导致成活率下降的现象。

4. 苗种放流后的管理

幼胆放流后,应对放流海区进行定期调查,掌握幼胆放流后的成活、移动、成长。为了调查海胆苗放流增殖效果,或者是说确切掌握苗种放流后的生态特点,有必要在放流前,对幼胆进行标志。海胆标志方法,迄今为止,已采用多种,如在壳上打洞穿尼龙线法、按置橡皮带法、将尼龙箍打入壳内法、在棘上扎标志牌、染色法、生殖板上形成的年龄形质识别法等,对于幼胆来说,简便宜行的方法,主要是染色法。

染色法,一般采用亮红和尼罗河兰染色。用亮红染色,浓度2%,染色30分钟,水温16℃处理的虾夷球海胆,其管足围口部、壳、顶系等全被染成红色。染色海胆放流后的第236天观察,60%的个体全身着淡红色,40%的个体身体部分着色。第368天观察,67%的个体全身着淡红色,33%的个体部分着色,所染色个体均能容易识别。用尼罗河兰染色,浓度0.05%,染色30分钟水温13℃处理的马粪海胆幼胆(壳径12.5～14.0毫米),全身染成深兰色,放流后1年后,也能识别。利用染色法对海胆的活力有一定的影响。因此,染色后需暂养2天,待活力恢复后再行放流。

放流1.5～2年后,放流幼胆基本上达到商品规格即可采收,一般回捕率40%～50%,高者可达70%左右。

(二)海胆移殖

将性腺成熟的海胆移殖到新的海区,让其在该海区自然产卵,繁衍后代,形成新的海胆渔场。

海胆性腺的肥满度,是决定产量和质量高低的主要标志。而性腺肥满度与其栖息环境条件,如水深、水温、底质、海藻繁生等有密切关系,可以将栖息环境条件不良的海胆,移殖到环境条件优良的海区,如将水深30米左右因饵料不足而致使性腺肥满度长年不良的海胆,移殖到水深10米左右,海藻丰富的岩礁乱石底质,让其在新海区生活,就能获得性腺肥满度高的高质量产品。

(三)海胆资源的保护

由于海胆经济价值高,活动能力弱,移动性差,生活水层浅,极易采捕,致出现酷渔滥捕造成资源下降,甚至枯竭的现象。因此,海胆的资源保护尤为重要,应确定采捕数量,规定捕捞规格,严禁采捕不达规格的幼海胆,规定禁捕期,在海胆产卵盛期严禁采捕。